宇宙はいかに始まったのか

ナノヘルツ重力波と宇宙誕生の物理学

浅田秀樹　著

装画・図版作成／酒井 春
装幀／五十嵐 徹（芦澤泰偉事務所）
本文デザイン／浅妻健司

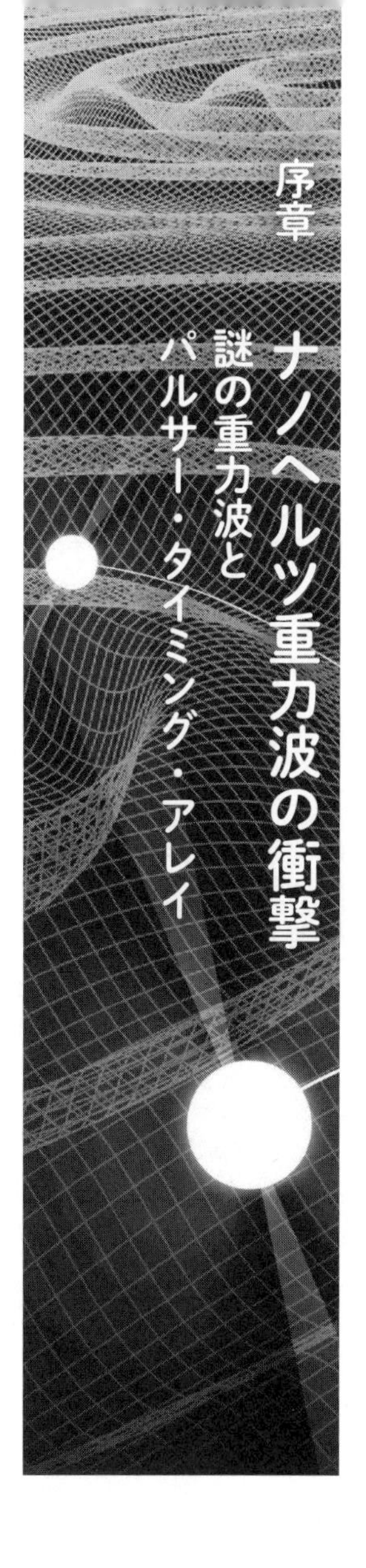

序章 ナノヘルツ重力波の衝撃
謎の重力波とパルサー・タイミング・アレイ

1 チーム・ナノグラブの記者会見

２０２３年、米国東部時間の6月28日午後1時（日本時間、29日午前3時）、国際研究チーム・ナノグラブ（ＮＡＮＯＧｒａｖ）が国際記者会見を開きました。会場は、米国国立科学財団（ＮＳＦ）です。これは史上初の重力波検出に成功したＬＩＧＯ（ライゴ）チームが、２０１６年に記者会見を開いたのと同じ会場です。この重力波初検出は、翌年のノーベル物理学賞にも選ばれ、国内外で大々的に報道されたので、ニュースなどで目にした読者も多いと思います。

ナノグラブの成果は論文として雑誌『アストロフィジカル・ジャーナル・レターズ』に査読を経て掲載されました。また、同じ日に他国の複数のチームも同様の発表を行っています。欧州・オーストラリアの電波天文台を中心とする各チームは、雑誌『アストロノミー・アンド・アストロフィジックス』に成果論文を発表し、インドを中心とするアジア地域のチームでは、熊本大学などの日本の研究者が参加しています。そのほかにも中国のチームが同様の発表をしています。

では、ここで発表された成果とは、どんなものだったのでしょうか。

それは、ある重力波の存在の証拠を見つけたというものでした。それならば、米国のＬＩＧＯや欧州の重力波望遠鏡Ｖｉｒｇｏ（ヴィルゴ）による重力波検出と同じだと思われるかもしれません。しかし、ナノグラブの成果はそれとまったく異なるものなのです。おおげさに聞こえるかもしれませんが、彼らの成果は、宇宙を観測する「新しい扉」を開いたともいえる衝撃を天文学者に与えました。

チーム・ナノグラブの行った観測を簡単に解説します。彼らの観測装置は「パルサー・タイミング・アレイ」とよばれるものです。銀河系に分布するパルサーとよばれる天体を、あたかも「検出器を広範囲に並べたもの＝アレイ」に見立てて観測するという意味です。文字どおり解釈すれば、多数のパルサーのタイミングを利用した観測ということになります。

少し詳しい方なら、パルサーと聞いて電波を発している星のことだと知っていると思います。

パルサーは安定した周期で電波を発する星です。では、このパルサーの電波からなにを調べたのでしょうか。それが重力波の存在です。しかも、それはナノヘルツという単位であらわされる超長波長の重力波なのです。

◆ナノヘルツの重力波とは

詳しい解説は本文に譲りますが、ここで簡単に波の長さを感じてもらえればと思います。まず、波長とは波が1回振動するあいだの長さを指します。次に、1秒間に何回振動するのかをあらわすものが周波数です。図1の場合は、波長1メートル、周波数は1秒間に3回振動していますので3ヘルツ（Hz）となります、ヘルツは周波数の基本単位です。

チーム・ナノグラブが存在を報告した重力波は、ナノヘルツという単位であらわされます。このナノヘルツとはなんでしょうか。聞き慣れない言葉ですが、本書では頻繁に登場します。ただ知っている方でも、ナノヘルツと聞くと違和感を覚える人が多いかもしれません。

まず、周波数1ヘルツとは、1秒間に1回振動することです。電気料金のことが気になる昨今ですが、東日本と西日本では交流電気の周波数が異なります。東日本では50ヘルツ、西日本では60ヘルツです。これは東日本では1秒間に50回、西日本では60回、振動することをあらわしています。ちなみに、明治時代に日本における電気事業が興ったとき、関東では50ヘルツの発電機を

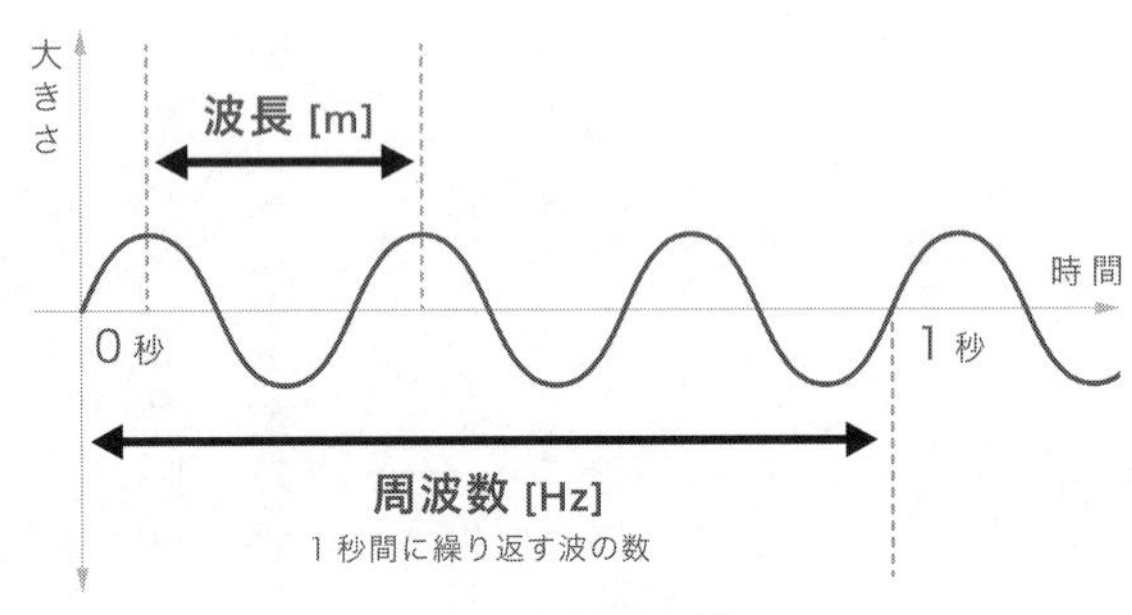

図1　波長と周波数

ドイツから輸入し、関西では60ヘルツの発電機を米国から輸入したことが原因で、その違いが現在に至ったといわれています。

次に、周波数が1キロヘルツ（kHz）とは、1秒間に1000回振動することです。オーディオマニアの方なら、「このスピーカーで再現できる音の帯域は10ヘルツから10キロヘルツまでだ」などの言い回しを聞いたことがあるでしょう。もちろん、振動数の小さな10ヘルツは低音側の振動数で、大きな振動数である10キロヘルツは高音側を指します。我々の耳で聴き取れる音の振動数は、おおよそこのあたりの帯域だといわれています。

単位で用いるキロは、数の単位「千」のことですから、10キロヘルツ＝1万ヘルツです。つまり、1秒間に1万回振動することです。さらに、キロを1000倍したものがメガとなり100万をあらわします。パソコンの演算処理速度を表示する単位として、メガヘルツが用いられます。さらに、その1000

倍のギガヘルツも、高速のインターネット通信などにおける表示にて日常生活で見かけるようになりました。1ギガヘルツは、1秒間に10億回の振動をすることです。キロ、メガ、ギガのような呼び方を「接頭語（せっとうご）」といいます。

では、ナノヘルツとは、どのようなものでしょうか。

ナノ（nano）は「10億分の1」をあらわす接頭語です。あまり聞き慣れない単位なので、まずミリ（milli）で肩慣らしをしましょう。ミリは「1000分の1」を表す接頭語です。したがって、1ミリヘルツは、1秒間に振動する回数が1000分の1回という意味です。1秒間に1回も振動しないのでイメージしにくいかもしれません。言い換えれば、1回振動するのに1000秒かかるのが1ミリヘルツです。

次に、ミリの1000分の1をあらわす接頭語がマイクロです。これは、「100万分の1」を意味します。1マイクロヘルツは、1秒間に振動する回数が100万分の1回を意味します。これは、1回振動するのに100万秒かかります。ちなみに、100万秒は11日と13時間46分40秒となります。

いよいよ、ナノヘルツです。ナノは、マイクロの1000分1で「10億分の1」を表す接頭語です。したがって、1ナノヘルツの文字どおりの意味は、1秒間に振動する回数が「10億分の1回」です。言い換えると、1回振動するのに1,000,000,000秒かかるのが、1ナノヘルツのことです。計算としてはこれで正しいです。しかし、ゼロが9個も並んだため、1,000,000,000秒という時間の長さを直感的にイメージしにくいかもしれません。

1年は、SI単位系（国際単位系）で規定された1秒で、約31,556,925秒です。ちなみに、天文学でよく用いられるユリウス暦では、1年を31,557,600秒と定義します。いずれにしても、1ナノヘルツで振動する場合、1回振動するのにおよそ30年もかかるということになります。1ナノヘルツで振動する現象では、日本人の平均寿命の間に3回弱程度しか振動しないわけですから、我々の生活でほとんど出くわさないのは当然です。ナノヘルツの重力波とは、数十年にわたって観測しても1回の振動を見ることができるかどうかというスケールのものなのです。

さらに、重力波は光速で伝わるといわれています。約30年間で1回振動する波の波長は、約30光年ということから、この超長波長の重力波の長さが想像できるのではないでしょうか。

2　ナノヘルツ重力波から見えてきた宇宙とは

このような重力波を観測したわけですから、やはりチーム・ナノグラブの観測期間の長さに驚かされます。主要部分の観測期間だけでも15年間、20年を超える観測期間のデータも含まれています。小学校に入学した子どもが大学を卒業するまでにかかる標準的な期間は16年間です。その期間に匹敵する時間を継続的に観測してきたのです。基礎研究における粘り強さに驚愕せざるを得ません。

◆超長波長重力波の発生源は？

重力波天文学に関する知識をお持ちの方なら、ＬＩＧＯが初検出した重力波イベントの観測時間が、１秒間にも満たなかったことを覚えているかもしれません。このような重力波は、大質量天体が合体するときに生じます。実際、ＬＩＧＯが初検出した重力波は、ブラックホールの合体によるものだとされています。

では、今回、チーム・ナノグラブが存在を報告した超長波長の重力波はどのようなものだったのでしょうか。

彼らが捉えた重力波は、周波数が約１ナノヘルツ、波長にして数光年という途方もないものです。我々からもっとも近い恒星であるケンタウルス座α星までの距離が約４光年ですから、その距離に匹敵するような非常に長い波長の重力波だったのです。

では、このような重力波はどうすれば生まれるのでしょうか。

このような重力波をつくるためには、とてつもない質量の天体が何らかの運動をするか、もしくは宇宙空間そのものが大きく歪(ひず)まなければ生まれません。じつは、これが本書の肝(きも)となります。

この重力波の正体はなにか。実際の観測に至るまでの理論的な背景をもとに、その考え方、そしてこの宇宙探査の新しい扉、そしてその向こうに広がるであろう新しい景色を紹介したいと思います。

3 本書の構成

今回報告された、パルサー・タイミング・アレイは、まさに最先端の天文理論が集約された宇宙探査です。そのため、段階を踏みながらひとつひとつ丁寧に解説していきたいと思います。

まず、1章では、そもそも重力とはなにかという問題を考えます。重力に関する物理学者、天文学者たちの思考の変遷（へんせん）を見ながら、一般相対性理論と時空の歪（ゆが）みに関する必要最低限のことを紹介します。そこからさらに発展し、重力波の基礎的事項を扱います。従来の重力波望遠鏡は、地上に建設した大型レーザー干渉計を主に使用します。これを例に挙げながら、重力波がどのように生じ、観測されるのかを2章で議論します。

一方、ナノグラブの観測は前述のようにパルサーとよばれる天体を利用しています。パルサーとはどのような星なのか、なぜ自然界の超精密時計とよばれるのか、そして、なぜパルサーを用いて観測を行うのかを3章で詳しく見ていくことにしましょう。

実は、パルサーを用いた重力波探査は半世紀以上も前に提案されていました。ちょうどその直後に、宇宙論に大きな革命が起きました。１９８０年代のはじめに、初期宇宙におけるインフレーション理論が提唱されたのです。詳しい解説はあとに譲りますが、インフレーションとは、宇宙の最初期に空間そのものが急激に広がっていったという考え方です。この理論は、宇宙初期において「原始背景重力波」という重力波が発生したことを予言します。この原始背景重力波こそ、本書で紹介するナノヘルツ重力波望遠鏡の究極のターゲットなのです。そのため、4章ではインフレーション理論の基礎を概観したいと思います。

また、近年、天文学者たちはモンスターブラックホールの存在に気づきました。太陽の数百万倍や数十億倍もの質量をもつ巨大なブラックホールが銀河の中心には潜(ひそ)んでいるようなのです。ただ、ブラックホールは通常の電磁波観測では見つけることは不可能です。しかし、そこから放出される重力波が観測できれば、その存在が明らかとなります。こうした巨大ブラックホールの存在や振る舞いも、ナノヘルツ重力波望遠鏡の観測ターゲットの有力候補となっています。このことを5章で解説します。

6章では、いよいよパルサー・タイミング・アレイについて解説していきます。なぜパルサーを観測するのか、そして銀河系サイズの望遠鏡として活用できる仕組みや観測に必要な精度についても詳しく見ていくことにしましょう。そして、今回のナノグラブが報告した超長波長の重力波の正体についても紹介します。

じつは、もうひとつ、人類は銀河系サイズの望遠鏡をもっているのです。それが、銀河系アストロメトリ（位置天文学）といわれるものです。そこで、欧州宇宙機関が打ち上げて運用しているガイア衛星を例に、もうひとつの銀河系サイズの重力波望遠鏡の原理などを7章で紹介します。

8章は最終章となります。ここでは、ナノグラブの観測した重力波とともに、いま進められているさまざまな重力波探査を見ながら、今後の宇宙研究について紹介したいと思います。

本書では、ナノヘルツの振動数帯域での重力波を指す普通名詞として「ナノヘルツ重力波」、複数のパルサーを用いてナノヘルツ重力波を観測する手法を「パルサータイミング法」とよぶことにします。

本書が主に対象とするナノヘルツ重力波の研究は現在進行形です。まだ不確定な要素も多くありますが、非常にダイナミックな研究領域です。宇宙の誕生直後になにが起こったのか、なぜ巨大ブラックホールが存在するのか、天文学における重要な謎に迫る手段になるものだと期待されています。日々新しい発見が起きる研究現場の雰囲気を感じ取っていただければ幸いです。それでは、この新しい天文観測によって見えてくる宇宙の姿を、皆さんと一緒に眺めていきたいと思います。

目次

序章
ナノヘルツ重力波の衝撃
謎の重力波とパルサー・タイミング・アレイ 3

1章
重力とはなにか
空間そして時間の歪み 19

1-1 ケプラー、ニュートン、そしてアインシュタイン 20
◆万有引力の発見
◆アインシュタインの重力

1-2 二つの相対性理論 27
◆曲がった空間としての時空

1-3 アインシュタイン方程式の誕生 31
◆時間の曲がりとはなにか

1-4 重力で光が曲がる 36

1-5 重力波とはなにか 38
◆重力波の証拠第1号

コラム メジャーリーグ投手の放つ重力波 43

2章 重力波望遠鏡 宇宙を見る新しい目 47

2-1 重力波の特性とは 48
◆重力波は縦波？ 横波？
◆重力波を観測する方法
2-2 重力波のもう一つの性質 53
◆光の干渉
2-3 ブラックホールの合体が見えた 57
◆人類初の重力波検出！

3章 連星パルサーの謎 電波天文学と中性子星 63

3-1 偶然が生み出した新しい天文学 64
◆電波とはなにか
◆電波天文学の前夜
3-2 謎の電波シグナルは、どこから来るのか？ 68
◆パルサーの発見
3-3 中性子星の誕生 70
3-4 中性子星の強烈な磁場 73
◆電波の指向性はなぜ生まれるのか？
3-5 ミリ秒パルサーの発見 76

3-6 連星パルサーからの証拠 78
◆ケプラーの第3法則、ふたたび
3-7 一般相対性理論は正しいのか!? 82
◆シャピロの時間遅れ
3-8 パルサータイミング法の着想 84
◆時間遅れと重力波検出
3-9 天体最高精度の時計 88
コラム 重力波に縦波成分は存在するのか? 92

4章 宇宙誕生の痕跡とは インフレーション理論と原始背景重力波 95
4-1 宇宙の膨張の発見 96
◆ハッブルとルメートル
4-2 宇宙はじめの元素 99
4-3 ビッグバン理論とよばれて 102
◆宇宙マイクロ波背景放射
◆宇宙マイクロ波背景放射、偶然、発見さる!
4-4 原子核物理学から素粒子物理学へ 107
◆宇宙誕生の最初期に起きたことは
4-5 ビッグバン以前の宇宙 111
4-6 ビッグバン理論の問題点 114
4-7 大統一理論に向かう 120
◆電弱力とゲージ自由度
◆強い力と大統一理論
◆大統一理論と宇宙
4-8 インフレーション宇宙論の利点と課題 125

4-9 原始背景重力波＝引き伸ばされる時空の歪み 131
◆インフレーションの終わりは？
◆インフレーションを検証する
◆原始背景重力波の大きさは？

5章 巨大ブラックホールの謎 宇宙の歴史を探る 137

5-1 凍りついた星 139
◆光で見えない天体
5-2 アインシュタイン方程式のある厳密解 141
◆光で見えない天体の正しい理解
5-3 結局、何が凍りつくのか 146
◆ミッチェルとラプラスの天体、ふたたび
◆ブラックホールの地平面
◆シュバルツシルト解、もう一つの無限
5-4 ブラックホールを作る理論 152
◆ペンローズのブラックホール
コラム 「特異点定理」の数理 156
5-5 巨大ブラックホールの発見と謎 159
◆巨大ブラックホールの謎
5-6 太陽質量の約10億倍の星「クェーサー」 164
◆イベント・ホライズン・テレスコープ

5-7 宇宙の歴史と巨大ブラックホール誕生の謎 168
◆ボトムアップ型の方法
◆トップダウン型の方法
◆巨大ブラックホールからの重力波

6章 ナノヘルツ重力波を捉える パルサータイミング法と宇宙の謎 173

6-1 重力波とパルサーのまたたき 174
◆パルサーの不規則なまたたき＝重力波？
◆観測電波の「前景」とはなにか
◆前景を補正するには
6-2 複数のパルサーを観測する意義 185
◆ヘリングス－ダウンズ曲線
6-3 パルサータイミング法への道 191
◆世界のPTAチーム
6-4 PTAが見つけた宇宙の謎 194
6-5 パルサータイミング法の今後への期待 197
◆新たなミリ秒パルサーの発見と観測

7章 もう一つの重力波観測 位置天文学で見える宇宙 203

7-1 地球の公転と星までの距離 205
◆三角測量による距離の測定

7-2 遠い天体を調べるには 208
◆ガイア衛星と天の川銀河の地図
7-3 銀河系内の星の運動を測る 212
7-4 地図の「ぶれ」から重力波を探す 214
◆ガイア衛星を重力波検出に
7-5 今後の衛星観測計画 218
◆ナンシー・グレース・ローマン宇宙望遠鏡

8章 宇宙のはじまりを見る

ナノヘルツ重力波の正体と未来の宇宙観測 223

8-1 謎の超長波長重力波の正体は 224
8-2 重力波の振幅から重力源を調べる 227
8-3 宇宙で観測する重力波 230
8-4 宇宙のはじまりを見る 232
◆宇宙最大の重力波望遠鏡
◆インフレーションと背景放射
◆新しい景色がまもなく見える
あとがき 239
さくいん 246

1章

重力とはなにか

空間そして時間の歪み

この章は重力の説明から始めたいと思います。そもそも、重力とは何でしょうか。「重力＝万有引力」だと思っている人が多いのではないでしょうか。重力とは、質量をもった物体を重さとして感じる力のことです。ただ、この説明だけではよくわからないですね。そこで、この章では重力がどのように発見され、現在ではどのように考えられているのか、関係する天文現象を振り返りながら見ていくことにしましょう。

1-1 ケプラー、ニュートン、そしてアインシュタイン

◆万有引力の発見

17世紀の初頭、プラハ（チェコ共和国）の天文台でチコ・ブラーエの天体観測の助手をしていたヨハネス・ケプラーは惑星の運動に法則性が存在することを見出しました。これは、太陽系の惑星の運動を精密に調べた結果、導き出されたものです。

ケプラーの第1法則

惑星の軌道は、太陽を1つの焦点とする楕円をなす。この法則は「楕円軌道の法則」ともいわれます。

ケプラーの第2法則

惑星と太陽をむすぶ線分が単位時間あたりに掃く面積は一定である。この法則は「面積速度一定の法則」ともいわれます。

第1法則

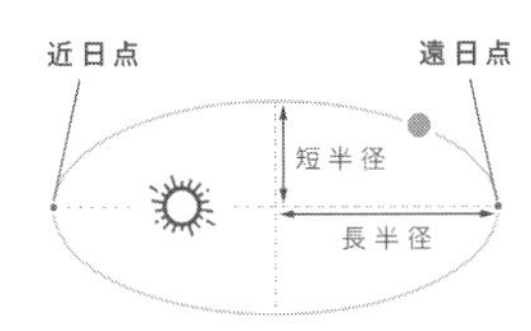

第2法則

$S_2 = S_1$

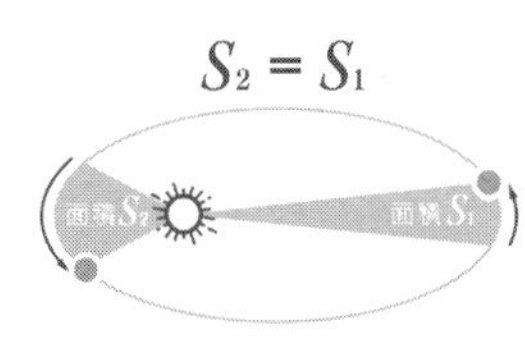

第3法則

$T^2 \propto r^3$

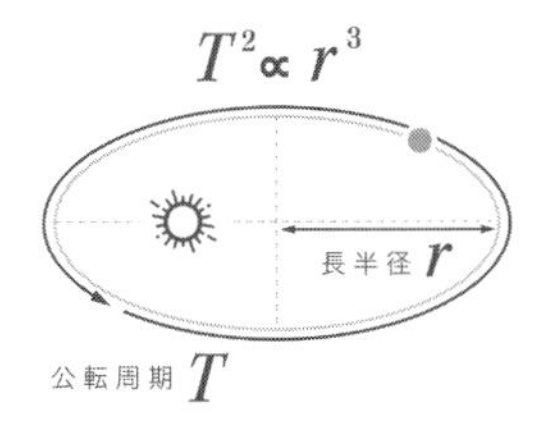

惑星の公転周期（T）の2乗は、軌道の長半径（r）の3乗に正比例する。

$$\frac{T^2}{r^3} = k$$

図1－1　ケプラーの法則

$$万有引力 = G\frac{m \cdot M}{r^2}$$

G：万有引力定数、r：２つの物体間の距離、
m、M：２つの物体の質量

図１－２　万有引力の法則

ケプラーの第3法則

惑星の公転周期の2乗は、楕円軌道の長半径の3乗に比例する。この法則は「調和の法則」ともいわれます。

ここで、長半径とは楕円において中心からいちばん遠い点までの長さのことです。同様に、短半径は楕円において中心からいちばん近い点までの長さのことです。とくに太陽系においては、太陽を焦点とする楕円軌道に対して、太陽からいちばん遠い点を遠日点、いちばん近い点を近日点とよびます。

このケプラーの惑星運動に対する法則を物理学の観点から再検討した結果、イギリスのアイザック・ニュートンは万有引力の法則を発見しました。

この法則は、質量をもつ2個の物体の間に働く力の大きさが、その2個の物体の質量の積に正比例し、その物体間の距離の2乗に反比例するというものです。この力は質量をもつすべて（万＝よろず）の物体に働くという意味で万有引力とよばれます。20世紀初めまで、この

万有引力が重力の源だと考えられていました。

ここで、重力という言葉について整理したいと思います。少しややこしいのですが、地球科学では、地表の物体に働く重力は、地球の質量による万有引力と、地球の自転による遠心力とを合わせた合力（ごうりょく）をそうよぶ習慣があります。そのため、地球科学では「万有引力＝重力」ではありません。遠心力とは、電車や自動車に乗っているときに、カーブで身体が外側に引っ張られるように感じる力のことです。ただし、遠心力は「見かけの力」ともよばれます。なぜなら、もし自動車を降りて、そのカーブに立ち止まったとしたら、遠心力はまったく感じられません。遠心力は加速度が生じる運動を物体が行うときに見かけ上、あらわれる力だからです。ちなみに、地球科学における重力のこの定義は、地表の物体の重さを論じる際にとても実用的です。地球の自転による遠心力はオン・オフできないため、それを含めてしまった方が都合がいいからです。

一方、天文学や宇宙物理学では、通常、自転する地球の表面の物質ではなく、宇宙空間に漂う物体、そしてその物体に働く力を考察します。そのため、自転による遠心力を除いた部分、すなわち万有引力の部分だけを指して重力とよぶならわしになっています。

◆アインシュタインの重力

さて、ニュートンが発見した万有引力の法則ですが、それに異論を唱えたのがアルベルト・ア

図１－３
アルベルト・アインシュタイン
(Ferdinand Schmutzer)

インシュタインです。ここからは、アインシュタインが有名な「相対性理論」をどのようにして考え出したのかを見ながら、重力についてさらに考えてみます。

１９０５年、アインシュタインは「特殊相対性理論」を作り上げます。その前夜となる１８８７年、米国の科学者マイケルソンとモーレーは、光に関する精密実験を行いました。それは、エーテルとよばれる物質に対する地球の運動速度を測定する挑戦でした。エーテルとは、当時の科学者たちが仮定した物質のことです。たとえば、音はまわりの空気の振動として伝わります。この振動が伝わる速度が音速です。同様に、当時の科学者は光を伝える物質があり、その物質を光が伝わる速度が光速だと考えたのです。つまり、エーテルの振動が光だと仮定したのです。

もう一度、音に戻って考えてみましょう。静止している観測者に対する音速と、空気に対して運動している観測者に対して音が伝わる速度は異なります。空気に対して観測者が運動する速度の分だけ異なるのです（図１－４）。

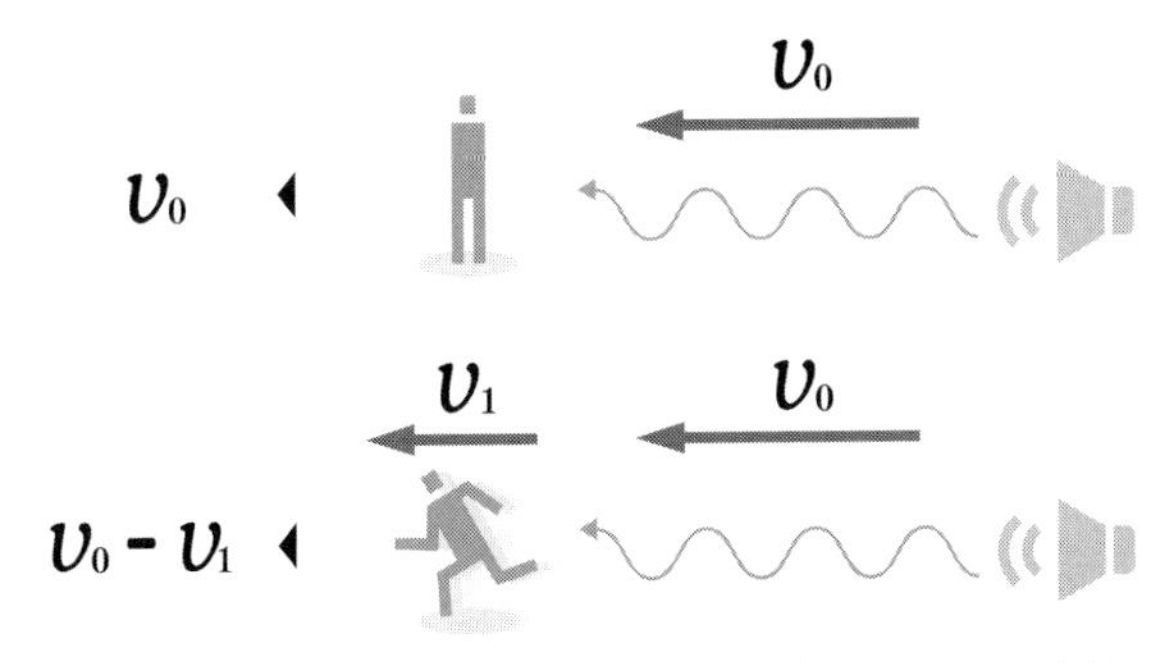

図1－4　運動する物体と音速の関係

夜空を眺めると、光はあらゆる方向の星から地球に届いています。そのため、宇宙空間は光を伝えるエーテルで満たされているはずです。そこで、マイケルソンとモーレーは、宇宙空間にあるエーテルに対して地球が動く速度を測ろうと考えたのです。

彼らの実験装置（それが設置された実験室も）は地球の上にあるので、地球の自転の結果、時刻によって地球の進む向きと実験装置の向きが変わり、光の伝わる速度に関する実験結果は時間的に異なるはずです（図1－5）。しかし、実験の結果、エーテル仮説から予想される値での変動は全く検出されませんでした。

なぜ、光の伝わる速度が変わらないのか？　彼らの実験結果は大きな謎となり、その後、20年もの間、物理学者は満足いく解決策を見出すことができませんでした。

ここに素晴らしい解決法を提唱したのが、アインシュタインです。彼はマイケルソンとモーレーの実験結果の

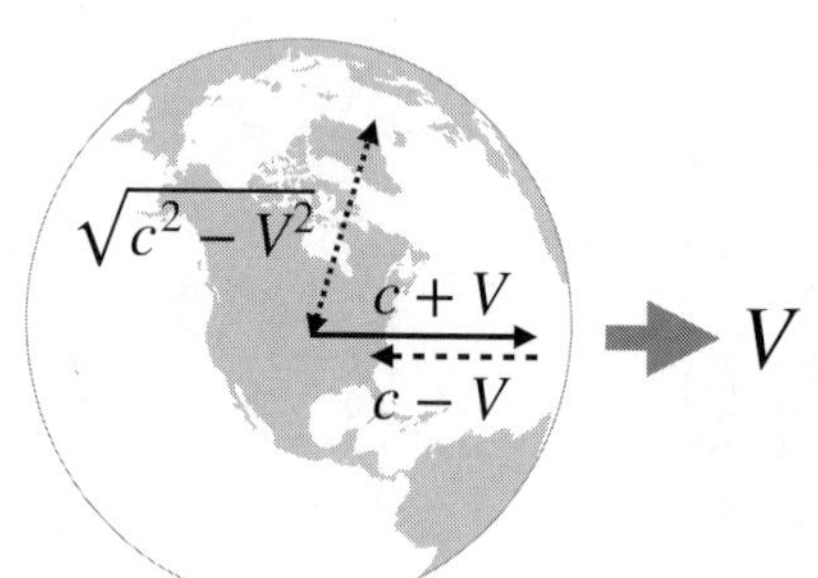

地球の自転による移動速度をVとすると、その移動方向に向かう光は、光速cに対して「$c+V$」、その先に置いた鏡で反射されて戻ってくる光の速度は「$c-V$」となる。自転と垂直な向きの光では、$\sqrt{c^2-V^2}$となる。

図1－5　マイケルソンとモーレーによる実験の概念図

意味が、長年科学者が仮定してきたエーテルの存在を棄却することだということに気づいたのです。そして、彼らの実験結果が意味することは、観測者の運動速度によらずに「光の速度は常に同じ」だという結論に至りました。これは、「光速度不変の原理」とよばれます。

この新しい原理では、どの観測者も対等です。アインシュタイン以前の考えでは、エーテルを基準とします。つまり、エーテルに対して静止する観測者にとっての光の速度が、基準となる「光速」です。エーテルに対して運動する観測者が光の速度を測定すれば、その速度は「基準となる速度」と「観測者の運動速度」を合わせたものになります。ここで、合わせると書いたのは、両者の速度をそれらの方向も考慮して合計することです。数学におけるベクトルの合成に対応します。

しかし、アインシュタインが見出した新しい理論では、どの観測者も対等ですから、どの観測者を基準に選んで物理法則を議論してもかまわないのです。ただし、たとえば物体の速度は観測者に依存します。しかし、彼の理論においては、光速はどの観測者にとっても同じ値をとります。仮に観測者が光速で移動したとしても、その観測者が光を見たら、その光の速度は同一の光速のままなのです。したがって、観測者の間に優劣が存在しないのです。

よって、「光速度不変の原理」に基づく物理理論は、観測者同士が同じ立場であり、その相対的な関係で物理量が決まるため「特殊相対性理論」とよびます。この理論の誕生当初は、たんに「相対性理論」とよばれました。

それから10年後、アインシュタインは「一般相対性理論」を世に送り出しました。ちなみに、二つの相対性理論とも、非常に有名な理論ですが、アインシュタインがノーベル物理学賞を受賞した研究成果は、これらの理論ではありません。当時のノーベル物理学賞の選考委員の一人、グルストランドが、一般相対性理論は不完全な理論であると考え、その理論に対する授賞に反対したためだと言われています。

1-2　二つの相対性理論

さて、「特殊」と「一般」を冠する二つの相対性理論は、何が違うのでしょうか。

まず、特殊相対性理論は、お互いに等速度運動する観測者を基準とする理論です。ここで、等速度とは、速さも向きも一定であることを意味します。

まっすぐな道路を時速１００キロメートルで進む車を想像してください。この車が、等速度で運動する物体の一例です。一方、観覧車がゆっくり回る状況を考えてください。同じ速さで回ると仮定しても、観覧車の個々のゴンドラが移動する方向は別々ですよね。大雑把にいえば、等速に円運動します。

特殊相対性理論は、等速度運動をする物体に対する理論です。重力の本質は、質量をもつ物体全て（万物）に働くことです。質量をもつ物体は重力によって力を受けますから、その速度が変化します。つまり、重力が存在する状況では、物体は等速度運動することはできないのです。したがって、特殊相対性理論は重力を扱うことができません。この点にアインシュタインは不満でした。

速度が変化する状況でも、光速度不変の原理が成り立つように作られた理論が、「一般相対性理論」なのです。この1個のステップを乗り越えるまでに天才アインシュタインでさえ、10年もの歳月を要しました。

特殊相対性理論において、各々の観測者を基準とする計算をする際、空間はユークリッド空間でかまいません。本書は数学の本ではありませんので、ここでのユークリッド空間とは、中学校では、平行線はどこまで行っても交わりません。

や高校で習った直交座標や空間座標を思い浮かべてもらえればいいでしょう。ユークリッド空間

◆曲がった空間としての時空

さて、時間と空間を合わせたものを「時空」とよびますが、特殊相対性理論での時空は「ミンコフスキー時空」とよばれます。これは、少し数学的に難解なものですが、比較的単純な構造をしています。とくに、互いに平行な直線は、交わることなく永久に平行なままなのです。この点で、ミンコフスキー時空は、ユークリッド空間の自然な拡張になっています。

一方、一般相対性理論における時空の幾何構造は、リーマン幾何学とよばれる幾何学によって記述されます。そのため特殊相対性理論の場合に比べてはるかに複雑なものになります。互いに平行な2本の直線が、必ずしも存在しないのです。この複雑な幾何構造（あちこちが曲がっていること）が、アインシュタインの理論における重力の本質なのです。

この曲がった幾何構造のなかを、なるべくまっすぐに進もうとする様子が、質量をもつ物体の重力場中における運動なのです。ちなみに、より正確な数学的な言い方をすれば、空間の曲がりを記述する理論がリーマン幾何学です。また、時空の曲がりを記述する理論は擬リーマン幾何学とよびます。

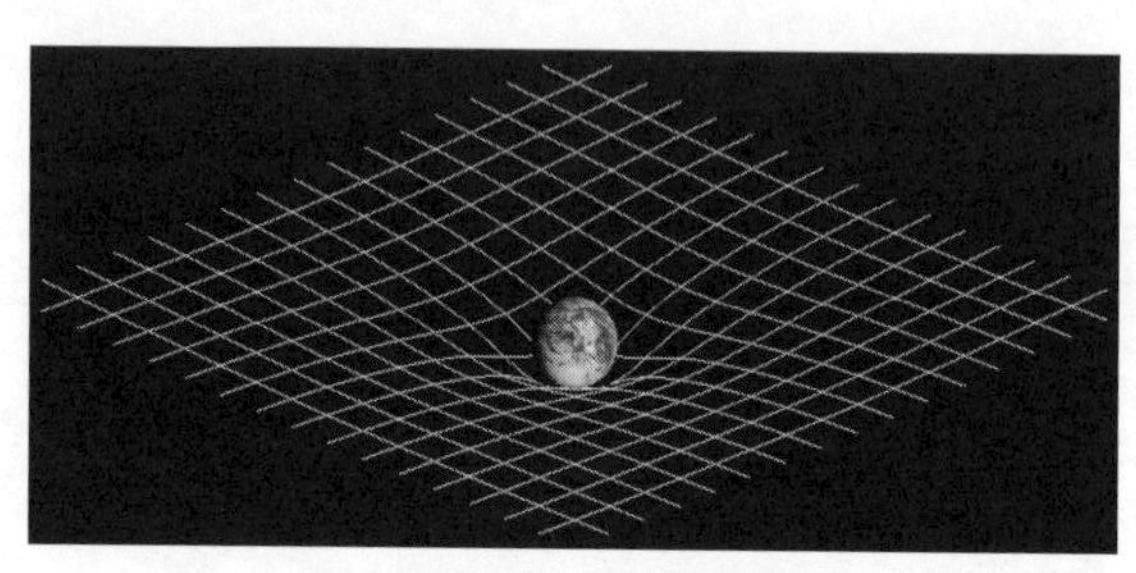

図1－6　空間の曲がりの概念図（NASA）

もう少し考えてみましょう。重力とこの幾何学との間には、どんな関係があるのでしょうか。先ほどのまっすぐな道路を時速100キロメートルで進む2台の自動車を思い出してください。この2本の道路は平行だとしましょう。2台の自動車は等速で走っています。平行な道路ですから、いつまで経っても、2台の自動車の間の相対的な位置関係は変化しません。つまり、1台目の自動車に乗っている人から見れば、2台目の自動車は静止しています（地面に対しては運動していますが）。2台目の自動車の立場でも同様です。

しかし、地球上の2本の道路はずっと平行なままではあり得ません。地球が球形をしているためです。そのため、2台の自動車の位置関係は変化します。1台目の自動車に乗っている人から見れば、2台目の自動車の速度は変化しています。つまり、1台目の自動車に対して、2台目の自動車は相対的に加速度運動をしていることになります（図1－7）。この例のように、曲がっていることが、物体間の相対的な加速度運動の原因となります。

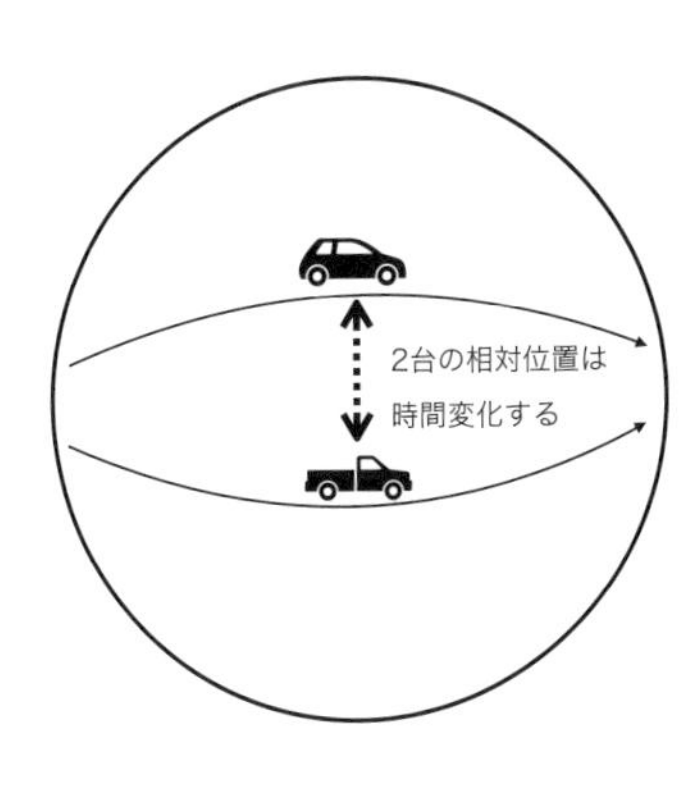

図1－7
曲面上の2本の道路を同じ速さで走る2台の車。近づいたり、遠ざかったりすることで、相対的に加速度運動する。

さらに、幾何的な曲がりは、万有引力として相応しい性質を持っています。たとえば、電磁気的な力であるクーロン力は、電荷という物体の性質に依存するため、電荷を持たない物体には働きません。それに対して、幾何的な曲がりはどの物体に対しても同じです。そのため、万物に働く重力の原因としては、幾何的な曲がりが適しています。幾何的な曲がりはどの物体に対しても共通だからです。アインシュタインは、万有引力が空間の曲がりによるものだと考えたのです。

1-3　アインシュタイン方程式の誕生

もう少し踏み込んだ議論をしましょう。重力に関する逸話として、ガリレオ・ガリレイが行ったとされるピサの斜塔での落下実験があります。物質の性質によらず、同じ加速度で落下するという事実です。先ほど見たように、時空の曲がり具合は時空の幾何ですから、同じ加速度で落下することと整

$$\underbrace{G_{\mu\nu}}_{} = \frac{8\pi G}{c^4}\underbrace{T_{\mu\nu}}_{}$$

時空の幾何　　　　物質の分布
（曲がり具合）（エネルギーなど）

G：万有引力定数　c：光速

図1－8　アインシュタイン方程式の概念

合します。

それでは、時空の曲がり具合を決めているものは何でしょうか。物質のエネルギーと運動量が保存することを表す数式が知られています。アインシュタインは、その数式と「ビアンキ恒等式」とよばれるリーマン幾何学における恒等式（変数の間で必ず成り立つ関係式）とが同じ形であることに気づきました。このことから、彼は、のちにアインシュタイン方程式とよばれる「重力場に対する方程式」にたどり着きました（図1－8）。ここで、重力場という新しい言葉が出てきました。重力と言った場合、作用する「力」のことを指します。そして、その力は空間の各点で物体に及ぼされるため、この力が作用する空間を「重力場」とよびます。

実は、同時期にゲッチンゲン大学（ドイツ）の大数学者ダフィット・ヒルベルトもまた、重力場に対する方程式を模索していましたが、その競争にアインシュタインは勝ったのです。

アインシュタイン方程式は、物質の分布と時空の幾何（これは、重力を意味します）を結びつける方程式です。物質の分布を仮定すると、それに対する重力場（時空の幾何）に対する方程式となり、その方程式を解くことにより、重力場が求まるのです。

さて、ここで重要なことは、曲がり具合は1ヵ所では測れないということです。たとえば、地表の1点は平らにしか見えません。この事実は、一般相対性理論における「等価原理」と密接に関係します。ここでの等価原理とは、時空がたとえ曲がっていても、その時空における任意の1点では、曲がりのない場合の物理学、つまり、特殊相対性理論（重力を除いた相対性理論です）が成り立つということです。そのため、曲がり具合を論じるには、その点と周辺の点とを比較する作業が必要となります。この比較する作業を数学的に定式化して得られる幾何学が「リーマン幾何学」です。

◆時間の曲がりとはなにか

一般相対性理論の説明において、「空間の曲がり」は概念図（図1‐6）などでよく見かけます。実際、地球儀と壁に貼られた世界地図を比較しながら眺めれば、曲がっている空間のイメージは容易に（実際の計算の複雑さは脇に置いておいて）持つことができます。しかし、一般相対性理論は時空の曲がりを用いるので、この「時間の曲がり」の方をイメージすることは難しいようです。そこで、概念図として、図1‐9をご覧ください。

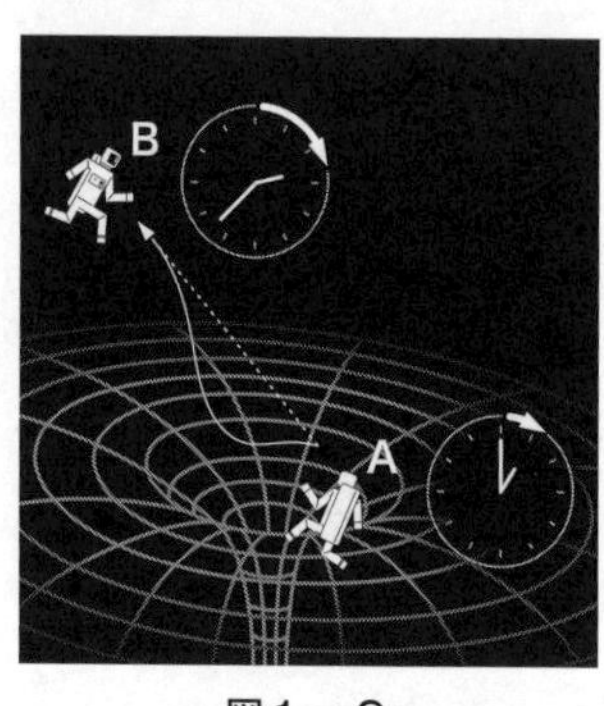

図1－9
ブラックホールから距離の異なる2人の宇宙飛行士では、時間の進み方が異なる。

ブラックホールの重力によって時空が曲がっている状況で、そのブラックホールからの重力以外の力を受けずに宇宙遊泳している2名の宇宙飛行士AとBを考えてみましょう。宇宙飛行士AとBは、ブラックホールからの距離が異なる場所、ここでは宇宙飛行士Aの方が、Bよりもブラックホールに近い場所で宇宙遊泳をしているとします。

重力の強さはブラックホールからの距離によって異なりますから、その宇宙飛行士2名が感じる重力の強さは互いに異なります。一般相対性理論によれば、重力の強さに応じて、時間の進み方が異なるのです。

ブラックホールがない状況で、宇宙飛行士Aが午後1時に発した信号（光としましょう）は、もう一名の宇宙飛行士Bに午後2時に届いたとします。しかし、いまの状況では、宇宙飛行士Aと宇宙飛行士Bの時間の進み方が違うため、宇宙飛行士Aが午後1時に発した光の信号は、宇宙飛行士Bには午後2時には届かないのです。

重力によって時間の進みが遅れる現象のことを「重力による時間の遅れ」とよびます。

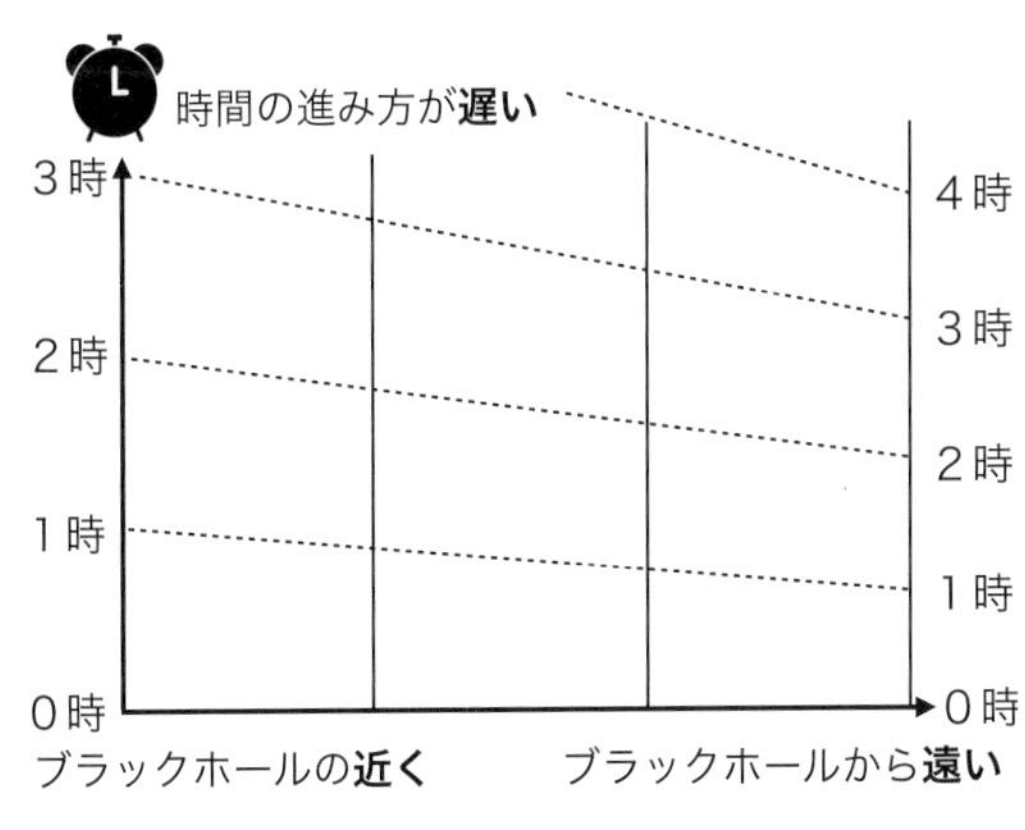

図1－10　時間の曲がりの概念図

先ほどの宇宙飛行士のたとえ話では、ブラックホールにより近い宇宙飛行士Aの時間の進み方はBに比べて遅くなります。よって、宇宙飛行士Aにとって1時間経った時、宇宙飛行士Bの時計では1時間より長くなっています。その結果、宇宙飛行士Aが午後1時に発した光の信号が宇宙飛行士Bに届いた時刻は、Bの時計では午後2時を過ぎているのです。つまり、宇宙飛行士Bにとって、ブラックホールに近い側にいる宇宙飛行士Aの時計は見かけ上、遅れているのです。もちろん、このことは、宇宙飛行士Aの時計の不具合で遅れているせいではありません。

この状況を概念的に表したものが、図1－10です。

ユークリッド幾何学では、机の上に置かれた方眼紙の個々のマス目は正方形です。しかし、重力のために時空が曲がっている場合、空間の目盛りと時間の目盛りがなす四角形は正方形ではありません。図1-10のように歪んだ四角形から構成されます。これが時空の曲がりのイメージです。

1-4 重力で光が曲がる

ボウリング場でボールを転がしたとしましょう。このとき、ボールには回転を与えずに投じたとします。ボールは真っ直ぐ進みます。カーリングでのストーンが真っ直ぐ進むときと同様で、これらは「力を受けない物体は平らな面を真っ直ぐ進む」現象の例です。そこで運動する物体の軌道は直線です。

しかし、スノーボード競技でのハーフパイプのような曲面を横切るように、丸いボールを転がしたとしましょう。転がるボールの軌道は直線にはなりません。一般の曲面には直線が存在できないからです。

同様のことが宇宙で生じます。すでに述べたとおり、一般相対性理論によれば、天体の質量によって周りの時空は曲がっています。そのため、そこには直線は存在しません。光さえ真っ直ぐ進むことはできないのです。つまり、光の軌道が曲がるのです。本当に、そんな現象が生じているのでしょうか。

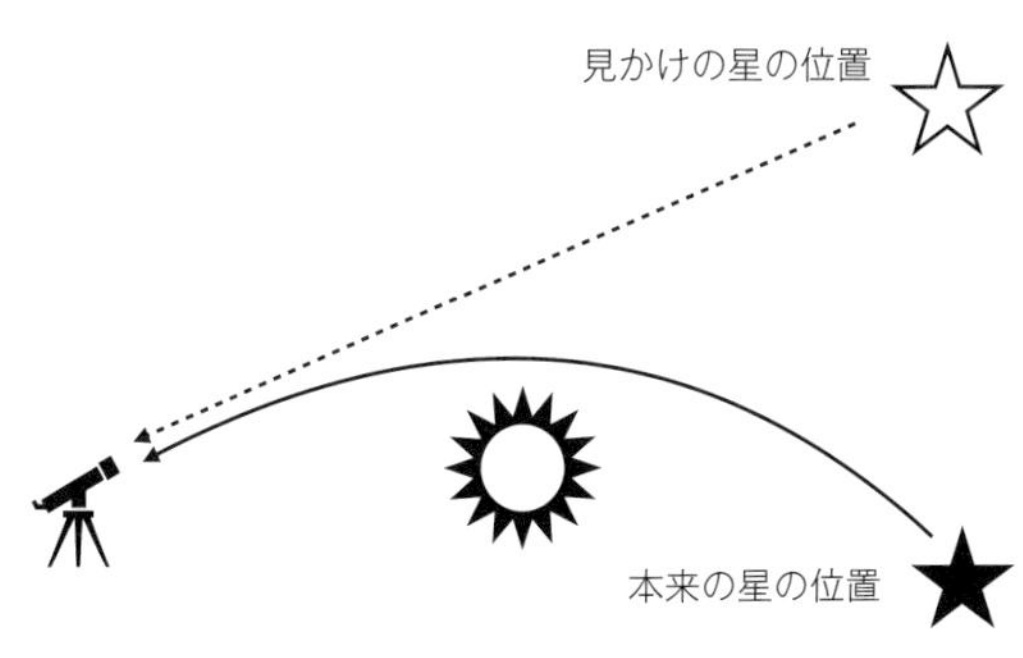

図1－11　重力レンズの概念図

一般相対性理論が登場した直後、1919年にアーサー・エディントンらが、天文観測によって光の軌道が曲がっていることを証明しました。

太陽系でいちばん質量の大きな天体は太陽ですから、太陽の周りの時空の曲がりが、太陽系内でいちばん強いはずです。そこで、太陽のそばで見える星を観測することで、本来見えるべき位置からずれていることを実証したのです（図1－11）。

地球は太陽の周りを公転していますから、季節によって、星の見える方角は異なります。太陽から離れて星が見えるときには、時空の曲がりの影響は無視できるくらい非常に小さいです。そのときに、その星の真の位置が求まります。そして、地球の公転を考慮することで、その星の見えるべき方角を正確に計算できます。この計算で求められた星の位置が、先ほどの「本来見えるべき位置」のことです。

ここで問題になるのが、「どうやって太陽のそばで見えるはずの星を観測するのか」です。太陽が観測できるのは昼間のみで、太陽が明るすぎて星はまったく見えません。この問題を解決してくれたのが、自然現象である皆既日食です。太陽と月の見かけの大きさがほぼ同じため、皆既日食の瞬間は夜空と同じ状況が再現され、太陽と同じ方向の星も観測できます。

さて、皆既日食の間、太陽からの光は月によって遮蔽されていますが、太陽質量による時空の曲がりが、一般相対性理論が予言するように存在するのならば、その曲がりの影響がその星の見える方位に及ぼされているはずです（図1－11）。これを「重力レンズ」とよびます。

この観測を行うことで、エディントンらは、星の見える方向が本来見えるべき方向からずれていて、そのずれが一般相対性理論の計算結果と合っていることを示しました。これによって、万有引力の理論よりも一般相対性理論はより正確な理論だということが明らかになりました。

1-5 重力波とはなにか

アインシュタイン方程式を見つけた翌年の１９１６年、アインシュタインは新しい物理現象に気づきました。

アインシュタイン方程式の解の一つが、重力場が時間的に変動しながら伝わる状況を表現していたのです。この状況は「重力波」とよばれます。ちなみに、ニュートンの万有引力は物体に働きますが、その万有引力がある速度で伝わることはありません。強いていえば、瞬時に伝わるのが万有引力です。

ＳＦ的な状況を想像してみましょう。いま、太陽が突然消滅したとします。すると、万有引力の法則では、同時に地球に働く万有引力がなくなってしまい、地球は太陽系から飛び出すことになります。しかし、太陽からの光が地球に届くまでには約８分間かかりますから、太陽からの万有引力がなくなって地球の軌道が変化しても８分間は太陽が見えているのです。この状況は、１００万光年離れた星に対しても当てはまります。１００万光年先の出来事が、同時に地球に影響するなんて、何か不思議な感じがします。このような、いくら離れていても瞬時に伝わってしまう問題は、重力波がある速度で伝わるため、一般相対性理論では生じません。重力波観測によって、重力波は光速で伝わることがわかっています。

重力波現象の理論的な発見者であるアインシュタインですが、その後、彼は別の計算結果から、一度は重力波の存在を否定したことがあります。重力波を発見した当初、彼は近似的な計算を用いていたのですが、厳密な計算をしようとしたところ、無限大が数式に生じたため、その無限大の原因が重力波の存在を仮定したことだと彼は勘違いしたのでした。実は、その無限大の理由は重力波のせいではなく、彼が計算に使用した座標系が悪かったためでした。その後、一般相対性理論に関する理論研究が進み、理論的には重力波の存在が確実になりました。

　これまで見てきたように、質量を持った物体の周りの空間は曲がっていて、その物体が運動すれば、その周りの空間の曲がり具合が変動します。これが重力波です。つまり、質量を持った物体の運動によって重力波が生じます。

　ただし、確実だったのは理論計算だけで、観測のほうはあまり進歩しませんでした。なぜでしょうか。それは重力が、とても小さい力だったためです。たとえば、時速１６０キロメートルで野球ボールを投げ出したとしましょう。この場合に生じる重力波の大きさは、せいぜい10^{-43}程度です。この計算の詳細は、本章末のコラム「メジャーリーグ投手の放つ重力波」をご覧ください。この重力波は、現在稼働している重力波検出装置の感度より20桁以上も小さく、まったく検出不可能です。ここで、重力波の大きさに単位はないのかと思った方もいらっしゃるかもしれません。実は、重力波の強さは無次元の量として計算されるため単位は存在しないのです。

◆重力波の証拠第1号

　１９７４年に電波天文学者のラッセル・ハルスとジョセフ・テーラーがとても面白い天体を発見しました。その天体は「連星パルサー」とよばれるものです。パルサーおよび連星パルサーという天体に関する詳しい説明は３章で紹介します。ここでは、パルサーとよばれる星は、強力な

図1－12　連星が作る重力波

電波を周期的に放っていること、連星とは2つの星が重力でお互いに引きつけ合いながら、互いの周りを公転する天体系とだけ知っていれば、以下の説明を理解するには十分です。

さて、連星パルサーからの重力波そのものは、いまでも検出されていません。しかし、ハルスとテーラーによって、連星パルサーの公転周期の減少が観測されたのです。

たとえば、スマートフォンでは、充電して蓄えた電気的なエネルギーを電磁波（電波）に変えて送信しています。あるいは、テレビ局は電力を用いてテレビ電波を送信しています。似たことが、重力波にも当てはまります。蓄えたエネルギーを重力波で送信するのです。

一般相対性理論によれば、先ほどの連星パルサーの周りの時空は曲がっています。そして、連星をなす2個の天体は互いの周りを公転するため、その時空の曲がり具合は時間変動します。これにより重力波が生じます（図1－12）。

そして、重力波が遠くへ広がるにつれて、エネルギーが外に運び出されます。この結果、連星パルサーの持つエネルギーは少しずつ減少します。エネルギーが減少する連星は、星どうしの距離が短くなります。つまり、1回公転するのにかかる時間（公転周期）が減少するのです。

この公転周期の減少が実際に観測され、その測定結果が非常に良い精度で一般相対性理論に基づく計算結果と一致しました。この功績から、ハルスとテーラーは、1993年、ノーベル物理学賞を受賞しました。

この連星が作る重力波は、さらに大きな発見へとつながっていきます。これについては、2章でくわしく見ていくことにしましょう。

コラム

メジャーリーグ投手の放つ重力波

この章では「重力波」という重要なキーワードが登場しました。これは、質量を持った物体（重力が働いている物体）が空間を運動しているときに発生します。そこで、地上における物体の運動の例を挙げながら、重力波の微弱さを評価してみましょう。

現在、メジャーリーグでは日本人の二刀流選手が大活躍しています。そこで、豪速球投手の手から時速160キロメートルの速さでボールが投げ出される瞬間を考えてみましょう。その瞬間に発せられる重力波がホームベースの位置に届くとき、その重力波の大きさはどれくらいでしょうか。

この計算をする際に役立つのが、重力波に関する「四重極公式」というものです。

この四重極公式によれば、

$$\text{重力波の大きさ}=G(\text{万有引力定数})\times\frac{\text{物体の質量}\times(\text{物体の速度})^2}{(\text{光速})^4\times\text{重力波発生源からの距離}}$$

になります。ただし、簡単のため、厳密な数式において右辺に存在する定数因子を本書では1におきます。この定数は、物体の形状（連星なのか、楕円体の天体なのかなど）や運動の状態（連

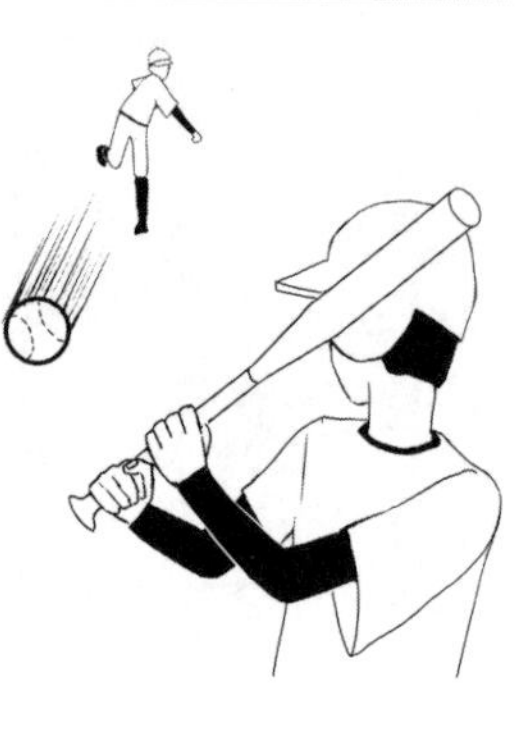

星ならば円軌道なのか、楕円軌道なのか、あるいは超新星爆発ならば、どの程度非対称に物質が吹き飛ぶのか）などに依存します。

いまの計算の場合に必要となる数値は、以下のとおりです。メジャーリーグ認定の野球ボールの質量は約140グラム、ピッチャーマウンドからホームベースまでの距離は18・44メートルです。あと必要になるのは、基礎物理定数である万有引力定数の値の約6・7×10^{-11}($m^3kg^{-1}s^{-2}$)と、光速の値の約3・0×10^8(ms^{-1})です。

これらの数値を前述の四重極公式に代入すると、投手が時速160キロメートルのボールを投げた瞬間に発生する重力波の大きさは、10のマイナス43乗と求められます。

重力とは空間の曲がりでした。この数値は、重力波の進行方向に対して垂直方向への物体の伸び縮みの比率を表現しています。そのため、この重力波によって、打者が構えるバットの長さも変化しているのです！　バットの長さは85センチメートル前後（簡単のため1メートルと近似しましょう）です。バットの長さの重力波による伸び縮みの大きさは、10のマイナス43乗メートル弱です。

水素原子の中心にある陽子のサイズがおよそ10のマイナス15乗メートルですから、それよりも28桁も小さく、重力波によるバットの伸び縮みはとても検出できません。

また、時速160キロメートルのボールがピッチャーの手からホームベースに届くまで、約0・4秒しかかかりませんが、重力波は光速で伝わります。そのため、重力波は投手がボールを投げたとほぼ瞬時に伝わります。したがって、そのボールがホームベース上を通過する約0・4秒前に重力波は通過します。

もし、その重力波をバッターが検出できれば、ピッチャーが投げる瞬間のボールの運動状態（カーブボールになる回転なのか、ツーシームになる回転なのか）をバッターは原理的には知ることが可能かもしれません。しかし、計算結果のとおり、その検出は現実には不可能です。

おもしろい話をもう一つ紹介します。実は、放出される重力波を数学的に厳密に解析すると、加速されるボールの進行方向に対して垂直な方向に重力波が強く放出されることが知られています。つまり、ピッチャーから見て、1塁側と3塁側に重力波はより強く放出されます。一方、ボールの進行方向、つまりホームベース方向には重力波はほとんど放出されません。

このように、身近な物体からの重力波は無視できる（検出不可能なレベル）です。野球のボールの代わりに自動車を想定しても、自動車の質量が高々1トン程度なので、野球ボールの1万（10^4）倍程度に過ぎません。放出される重力波の大きさも1万倍程度に増大しますが、それでも

10のマイナス39乗（$=10^{-39}$）ですから現在の観測精度ではまったく検出不可能です。

しかし、宇宙には太陽を遥かに超える質量の天体がたくさん存在します。そのため、天体現象で生じる重力波は微弱ながらも検出可能なのです。その観測から、天体の物理状態、つまり、連星の公転運動から発生したことがわかっています。将来、連星の公転以外の物理状態、たとえば、超新星爆発なども、検出された重力波から推定されることでしょう。

このコラムの冒頭で紹介した、重力波に関する四重極公式が意味するところは、「重力波が大きくなる条件は、物体の質量が大きく、かつ物体の速さも大きく（高速）、かつ我々からの距離が小さい（近い）こと」にほかなりません。この条件をもっとも満たせる天体が、大質量で知られるブラックホールが作る連星「ブラックホール連星」なのです。

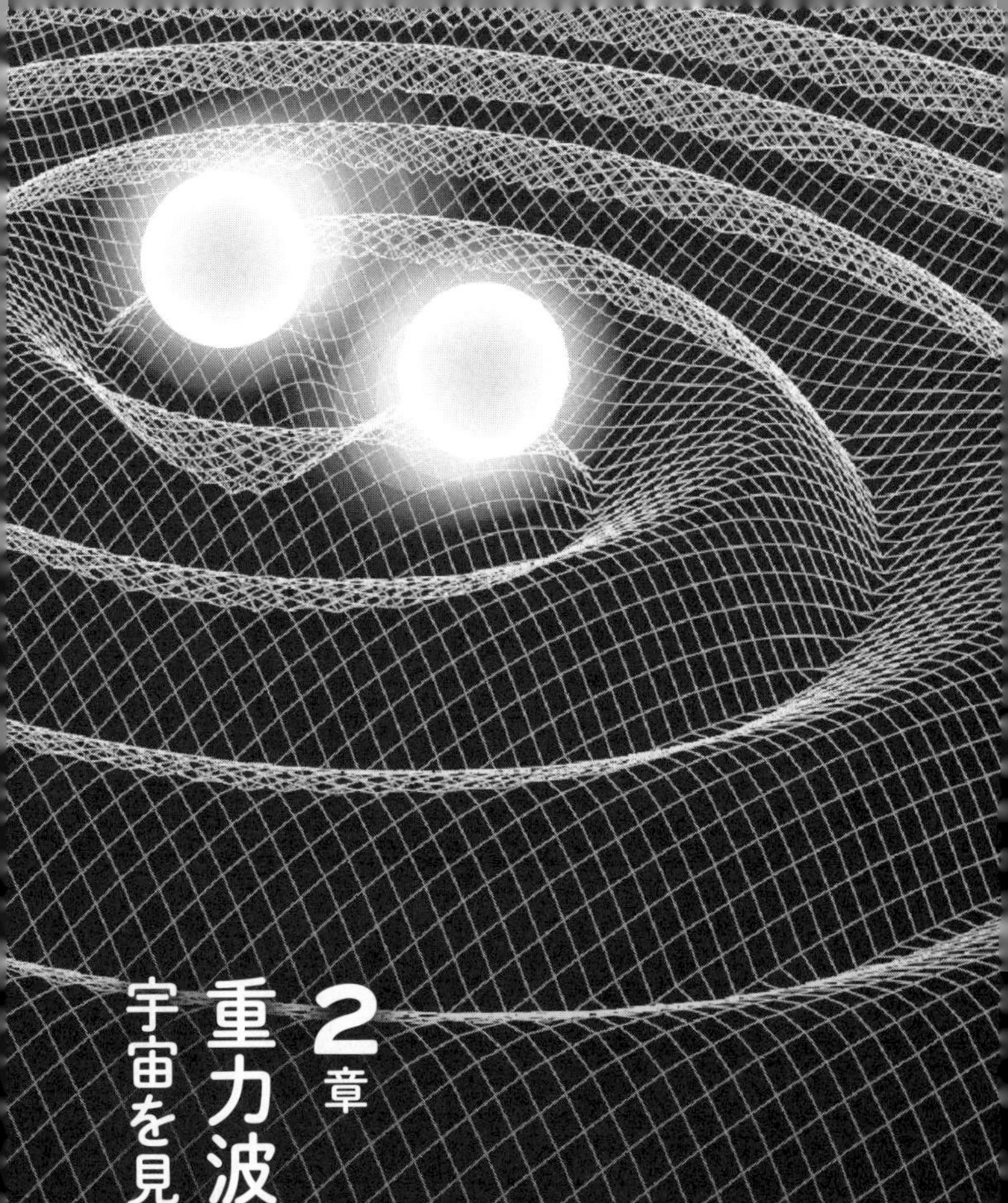

2章 重力波望遠鏡

宇宙を見る新しい目

２０１７年、連星ブラックホールの合体をはじめて捉えた観測に対してノーベル賞が贈られました。このとき検出されたシグナルが、アインシュタインが予言した重力波でした。アインシュタインの予言からちょうど１００年となる年に、人類は宇宙からやってくる重力波を直接検出することに成功したのです。

この章では、１章で見た重力波にはどのような性質があるのか、さらに実際の観測はどのように行われているのかをコースメニューになぞらえて紹介していきます。

かつての重力波研究では、どんな結果（料理）が出てくるのか、確実なことは存在しませんでした。しかし、現在の重力波天文学ではコースメニューが登場しています。メインディッシュは、大型レーザー干渉計を用いた「重力波望遠鏡」ですが、重力波を堪能するために前菜からていねいに見ていくことにしましょう。

2-1 重力波の特性とは

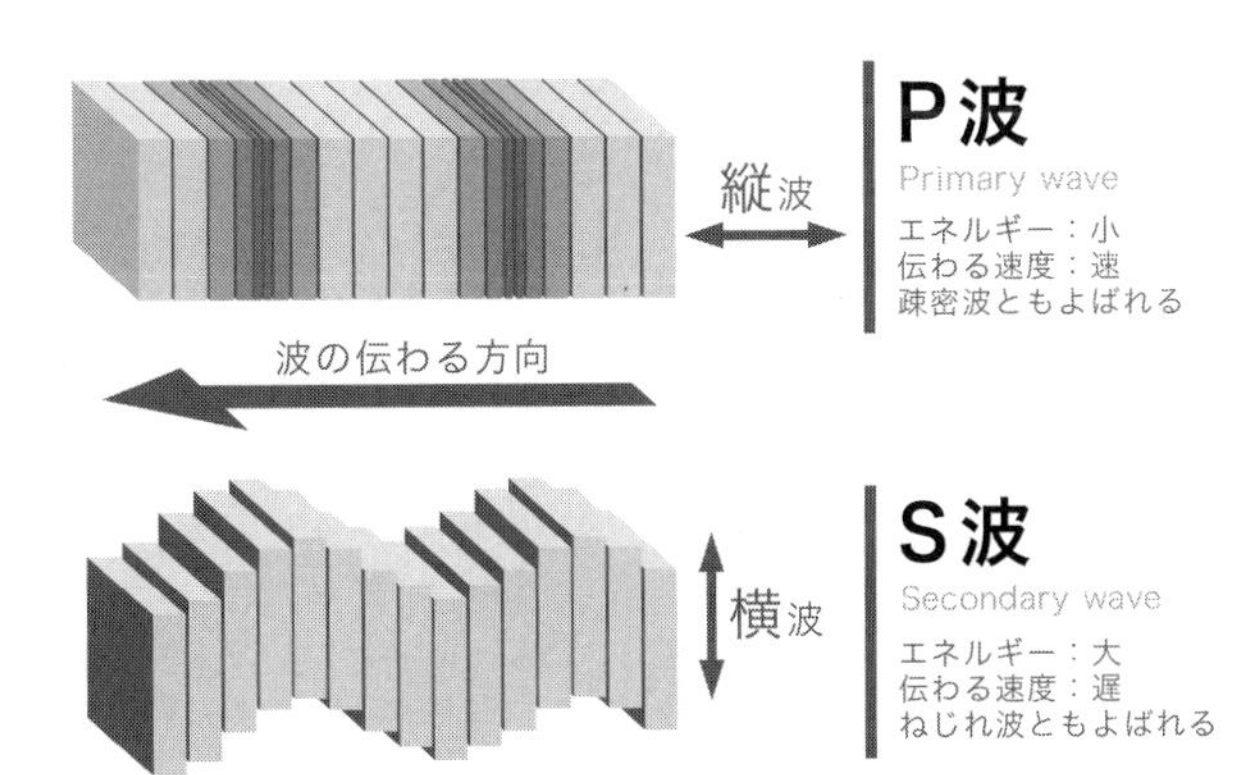

図2－1　地震波におけるP波とS波

◆重力波は縦波？　横波？

まずは前菜となる「重力波の特性」から紹介します。メイン料理を堪能するためには、まずこの特性を知ることが必須です。

1章で紹介したとおり、重力波は時空の歪みが振動し、その振動が伝わる現象です。

日本における生活では、地震はつねに懸念される災害のひとつです。地震は文字どおり地面の振動で、その振動の伝搬は「地震波」とよばれます。地震波の振動には2種類あることが知られています。震源で発生した振動が、まず最初に観測点に到達するものが「P波」です。これは、途中の物質を押し縮めることと伸び広げることを繰り返す波動現象で、地震波の進行方向（縦方向）に疎密が発生するため「縦波」です。

一方、少し遅れて届くのが「S波」です。この波は、途中の物質のねじれを引き起こし、進行方向に対して垂直方向（横方向）の変位を生じます。よって、S波は「横波」です。

では、重力波はどのタイプの波動現象でしょうか。

一般相対性理論におけるアインシュタイン方程式を調べると、静止している物体に対して重力波が通り過ぎるとき、重力波の進行方向に対して垂直方向に物体が移動することが知られています。したがって重力波は横波です。ただし、一般相対性理論とは異なる重力理論のなかには、縦波成分の重力波を予言するものもあります。本書では、簡単のため一般相対性理論にそって、横波である重力波を主に議論します。

横波が通り過ぎると何が起こるのでしょうか。まず注意してほしいことは、観測者が単独の場合は重力波に気付けないことです。1章で紹介した等価原理を思い出してください。時空が曲がっていても、その1点では重力のない特殊相対性理論が成立する、つまり、重力が現れないのです。

◆重力波を観測する方法

1章で見た時空の曲がりの例と同様に、平行なはずの道路を考えましょう。その道路上に立っている2人の観測者を考えます。

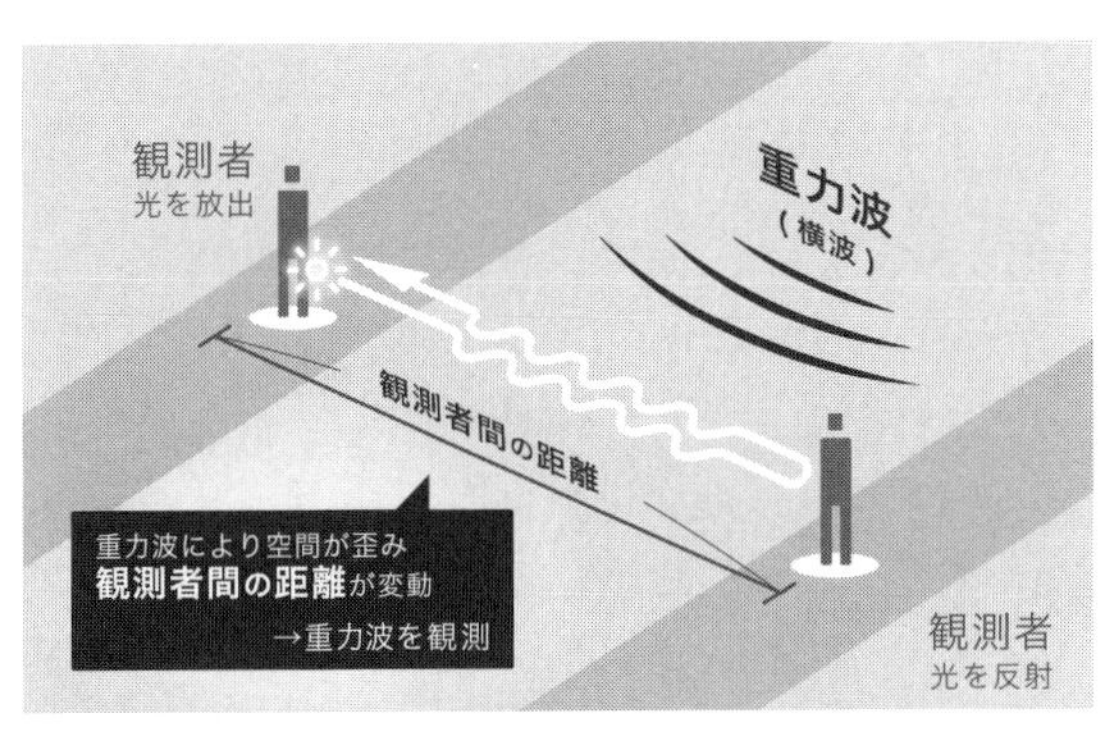

図2－2　重力波による往復時間の変動

横波が2人の間を通過する際、観測者の間の距離が変動します。ここで観測者が2人いることによって、単独の観測者では不可能だった作業が可能となります。その作業とは、観測者の間の距離を測量することです。具体的に物差しをあてて測ってもかまわないですが、ここでは光を用いて測量してみましょう。

片方の観測者から光を放って、それをもう一方の観測者に反射してもらい、その反射光を観測し、光の往復時間を測定するのです。その往復時間に光の速度を掛けたものが、光が往復した距離です。さらに、その半分が、その2人の観測者の間の距離と考えて差し支えありません（図2－2）。

時空の曲がり具合が時間的に変化しない場合、その観測者間の距離は変動しません。しかし、重力波が通り過ぎれば、その距離が変動するはずです。もちろん、重力波の進行方向と2人の観測者の相対的な位置が平行な場合、縦波でなければ、その距離は変動しません。一般相対性理論における重力波は横波ですから、観測者の相対的な位置が重力波の進行方向と垂直な場合、2人の間の距離の変化量が最大になりそうです。厳密には、重力波には、プラスモードとクロスモードの2種類の偏波が存在し、進行方向の垂直面内での相対位置に応じて、変位の大きさは違ってきます。本書では、この偏波の詳細には深く立ち入らずに、定性的な議論をこのまま進めたいと思います。

ここまでは、止まっている（静止している）観測者を考えました。では、この道路の上を同一速度で走っている車に観測者が乗っている場合はどうでしょうか。

この場合も、重力波が通過する以前は、互いに平行な道路の上を同一速度で移動する自動車の間の距離は同じままです。また、重力波が通過すれば、その距離も変動します。ここでも、先ほどの例と同じように、距離は光の往復時間の測定を用いて定めることができます。

この考え方を宇宙空間に当てはめてみると、宇宙空間で静止する2人の観測者という理想的な状況だけでなく、等しい速度で移動する2人の観測者によっても、重力波を測定することは原理的に可能です。そのため、宇宙空間を移動する太陽系、そして、太陽系内で太陽の周りを公転する地球の上に置かれた検出器も同様に考えることができます。

2人の観測者の間の距離を測定するには、その間を往復する光の所要時間を測ればよいのです。現代の技術ではレーザー光を用います。

では、この装置だけで重力波を検出できるのでしょうか。答えは、半分イエスで、半分ノーです。たしかに、重力波がこの測定装置を横切れば、レーザー光受信器と鏡の間の距離が伸び縮みするため、往復時間が変動するはずです。その意味では、重力波の現象を観測できそうです。しかし、レーザー光の往復時間の変動の原因は重力波だけでしょうか。

2-2 重力波のもう一つの性質

コース料理の第二品目の登場です。それが「トランスバース・トレースレス」とよばれるものです。聞いたことのない方が多いと思いますので、ていねいに見ていきたいと思います。

地球上に置かれた実験装置は、少なからず地面からの振動を受けます。これによって、レーザー光受信器と鏡の間の距離は常に微小に変化しています。さらに、原子・分子のレベルで見れば、温度に応じて物体の表面の分子・原子は熱的な振動をします。そのため鏡の表面の位置は、原子レベルでは一定ではなくなります。これらの理由から、単一のレーザー光受信器と鏡の間の距離を測定するだけでは、他の原因から切り離して重力波だけを検出することは不可能です。

そこで、重力波のもう一つの性質を利用します。1章のコラムを思い出してください。投手から発生した重力波は、ボールの進行方向と垂直に強く生じることを紹介しました。これは、横波である重力波によって、波の進行方向に対して垂直方向に変位が生じるということですが、このときその垂直面内の面積は保たれる性質があります。

そこで、この垂直面内で微小な長方形を考えてみましょう。

その長方形の面積は、「(縦の長さ)×(横の長さ)」です。重力波が通過する際、その進行方向の垂直方向に変位が生じますから、(縦の長さ)と(横の長さ)も変動するはずです。たとえば、縦の長さが2倍に伸びたとしましょう。この場合、横の長さは半分に縮みます。なぜなら、面積が一定だからです。

つまり、進行方向に垂直な方向に変位が生じるのですが、プラスの変位、つまり伸びる方向(先ほどの長方形のたとえで言えば、縦方向)があれば、それに垂直な方向(長方形の横方向)にはマイナスの変位、すなわち縮みを引き起こすのです。

この性質を利用して、重力波検出器は、波の進行方向に対して垂直な面内で、互いに直交する2方向での伸び縮み(片方が伸びているとき、もう一方は縮む)を活用しています。

ちなみに、横波のことは英語で「トランスバース」(transverse)とよび、この面積保持のことはある行列の対角成分の総和(トレース、trace)がゼロであることとして数学的に表現できます。そのため、このトレースがゼロであることは、「トレースレス」(traceless)とよばれま

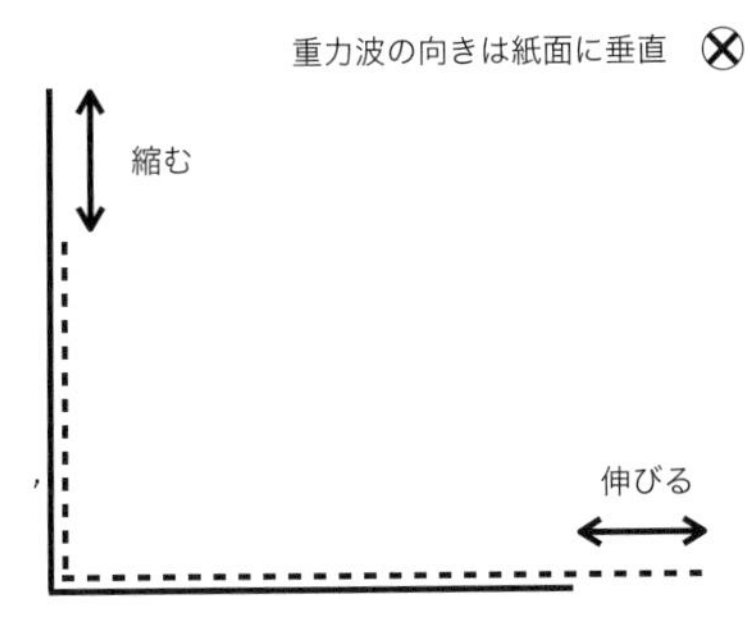

図2－3　重力波のトランスバース・トレースレスな性質

す。よって、横波かつ面積保持の性質を有する重力波の特徴を「トランスバース・トレースレス」（図2－3）とよぶことがあります。

すでに想像がついた読者も多いと思います。そうです、先ほどのレーザー光の受信器と鏡の間の距離を測る装置を2台用意して、互いに垂直な方向になるように配置すればよいのです。ただし、実際の観測では、レーザー光の到着時刻を測るわけではありません。それでは、どうするのでしょうか。

答えは、2方向の鏡から戻ってくるレーザー光を合わせたものを観測するのです。これには「光の干渉」を用います。

◆光の干渉

コースメニューの三品目が、この「光の干渉」です。

まず、レーザー光は、光の波動としてやって来ます。これは波ですから山や谷があります。話を簡単にするため、重力波が通過しない状況では、両方向からのレーザー光の山と山

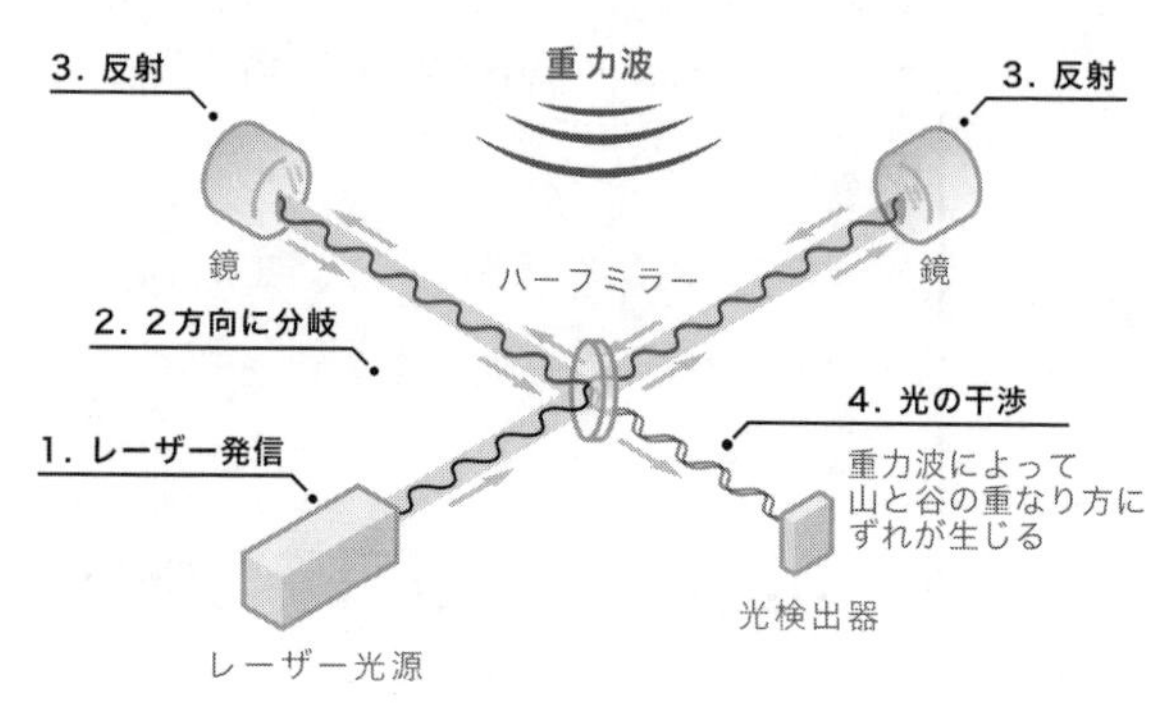

図2－4　レーザーの2方向への分岐と検出の模式図

がちょうど重なるようにあらかじめ調整してあるとしましょう。この場合、受信器では最も明るい状態でレーザー光を検出することになります。

まず、単一の発信器から単一の周波数でのレーザー光を発射します。途中にハーフミラーとよばれる、表面に特殊な被膜を施したガラス板を設置し、やってきた光のうち半分をそのまま透過させ、残り半分の光を鏡のように反射することで、2方向に分岐させます。この場合、両方のレーザー光の周期はぴったり同じものになります(図2－4)。

ここで、重力波が我々の実験装置を通過したとしましょう。

片方のレーザー光の往復の経路は伸びて、受信器に遅れて到着します。もう一方からのレーザー光の往復の経路は短くなるため、通常より早く到着します。この違いは、前項で見た重力波のトレースレスの性質に起因しま

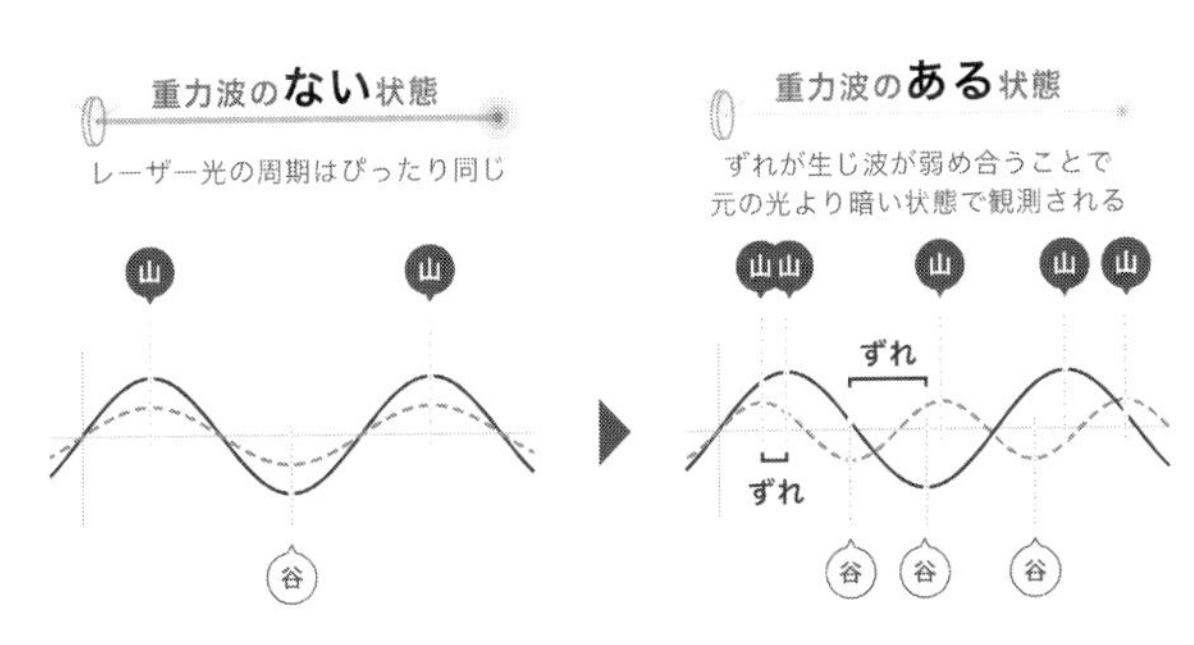

図2－5　重力波による検出器での波の位置のずれ

す。この結果、片方からのレーザー光の山の位置（あるいは、波動の山の時刻）ともう一方からの山の位置はずれますから、受信器では両方からのレーザー光が弱め合って、元よりも暗い状態で観測されます。この現象を「波の干渉」といいます（図2－5）。

この干渉の計測から、微小な時空の歪みの変動を検出するのが、大型レーザー干渉計を用いた「重力波望遠鏡」なのです。

2-3　ブラックホールの合体が見えた

いよいよメインディッシュとなる「重力波望遠鏡」の登場です。重力波望遠鏡については、ノーベル賞を受賞したこともありご存じの方も多いと思います。

では、質問です。なぜ大型な重力波望遠鏡が必要なのでしょうか。

答えは、1章でも見たように、重力波による変動は極めて小さなものだからです。

たとえば、10億光年先の太陽質量の10倍程度のブラックホールどうしの連星からの重力波を理論的に計算すると、その重力波の強度は、せいぜい10^{-21}程度です。これは鏡とハーフミラーの距離が1メートルサイズの重力波干渉計では、10^{-21}メートルのずれしか起こりません。このずれの大きさは、原子・分子どころか、水素の原子核、つまり陽子の大きさより6桁も小さいのです。これでは測ることができません。

そこで、数キロメートルサイズの干渉計を準備し、さらにレーザー光を鏡どうしの間で数百回反射させれば、実効的な光の往復経路の長さを1000キロメートル程度まで大きくすることができます。

1000キロメートルは10^{6}メートルです。そのため、先ほどと同じ重力波によって生じる経路の長さのずれは、10^{-15}メートルまで大きくなります。これは、陽子の大きさ程度となり、精密なレーザー光を用いた干渉実験でようやく測定可能となります。

さらに、太陽質量の10倍程度のブラックホールどうしから成る連星が、最終的に合体するときに放出される重力波の波長は数百キロメートルと見込まれていました。そこで、数キロメートルサイズの大型レーザー干渉計をつくり、この光を反射させる方法が選ばれたのです。この方式を「ファブリ・ペロー型の干渉計」とよびます。

図２－６　LIGO（ワシントン州・LIGO／Caltech／MIT）**とVirgo**（The Virgo Collaboration）

さまざまな試行錯誤を経て１９９４年、米国では大型レーザー干渉計ＬＩＧＯの建設がスタートしました。日本でも先行研究として３００メートルサイズの大型レーザー干渉計「ＴＡＭＡ３００」が米国に先んじて、東京都三鷹市にある国立天文台の敷地内で１９９９年から観測を開始しました。また、欧州では、主にイタリアとフランスの主導で、イタリア・ピサの郊外にＶｉｒｇｏの建設が始まりました。さらに、日本では、ＴＡＭＡ３００での実証実験を踏まえ、２０１２年から岐阜県飛騨市にＫＡＧＲＡの建設がはじまりました。

◆人類初の重力波検出！

２０１５年、ついに改良型のＬＩＧＯ（Advanced LIGO）が人類初の重力波の直接検出に成功しました。１台の重力波望遠鏡だけでは、さまざまなノイズと重力波のシグナルを区別することは困難です。そのためＬＩＧＯは当初から２台体制での観測を行っていました。１台はルイジアナ州に設置され、もう１台は約３０００キロメートル離れたワシントン州に建設されています。

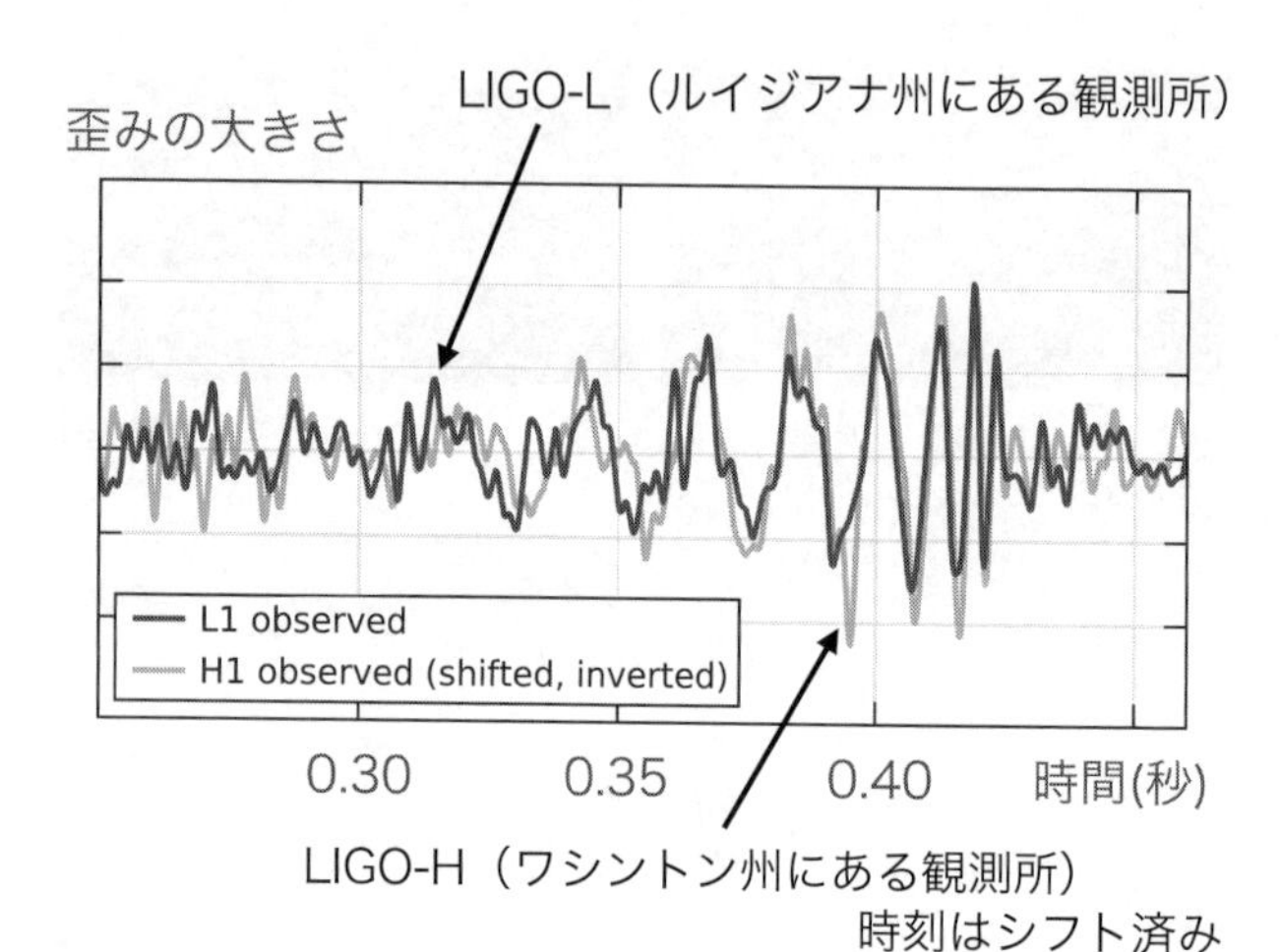

図2－7　LIGOによって初検出された重力波の波形グラフ
（Caltech/MIT/LIGO Lab）

　ほぼ同時に独立な2台の検出器が同様の波形を検出したことが、重力波検出の決定的な証拠となりました。ここで、「ほぼ同時」と書いた意味は、重力波は光の速度で進むため、地上の2台の検出器に重力波が到達した時刻が約7ミリ秒だけ異なったということです。

　ちなみに、彼らの詳細なデータ解析の結果、その初検出された重力波は、2つのブラックホールの合体現象から生じたものだとわかりました。また、合体前の2つのブラックホールの質量は、太陽質量の36倍と29倍と推定され、合体で生じた単一のブラックホールの質量は太陽質量の62倍と推定されました。

　ここで注意すべき点は、合体前のブラッ

クホール2個の合計質量は、太陽質量の36＋29＝65倍であり、合体後の質量は太陽質量の62倍と、もとの質量より軽くなっていることです。これは合体によって、ブラックホールがダイエットしたのでしょうか。

このダイエットの鍵は、放出された重力波にあります。1章で述べたとおり、重力波はエネルギーを運び去ります。相対性理論によれば、エネルギーは質量と等価な役目を果たし、合体時に放出した重力波のエネルギーの分だけ、合体後のブラックホールの質量が減少したのです。たくさん運動してカロリー消費した結果、ダイエットするのと似ているかもしれません。

現在まで、ＬＩＧＯ、Ｖｉｒｇｏ、そしてＫＡＧＲＡの国際共同観測体制（ＬＶＫコラボレーション）によって、多くの重力波が観測されています。その多くが、ブラックホール連星によるものです。そして、そのブラックホールの質量は、太陽質量の数倍から１００倍程度までにわたります。

このように、大きな質量を持つ連星が重力波というシグナルを送ってきていることがわかったと思います。次の章では、1章でもふれた「連星パルサー」について詳しく見ていきながら、新しく始まった天文観測について紹介していきます。

3章 連星パルサーの謎

電波天文学と中性子星

3-1 偶然が生み出した新しい天文学

むかしの腕時計の駆動方式は、ゼンマイを用いた機械式でした。しかし、現在の腕時計の方式は、比較的安価で性能が安定しているクォーツ方式が主流となっています。機械式の腕時計の精度は、だいたい1日で10秒から20秒といわれており、クォーツ式腕時計の精度はおよそひと月で20秒以内だそうです。

このいずれも、人類が作り出した時間を正確に測る手段です。しかし、こうした人工の時計よりも、はるかに正確な天然の時計が宇宙に存在しています。それがパルサーです。

この章では、本書で重要な役割を果たすパルサーについて見ていくことにしましょう。

◆電波とはなにか

パルサーとよばれる、この新種の天体の発見には「電波天文学」という電波を観測に用いる天

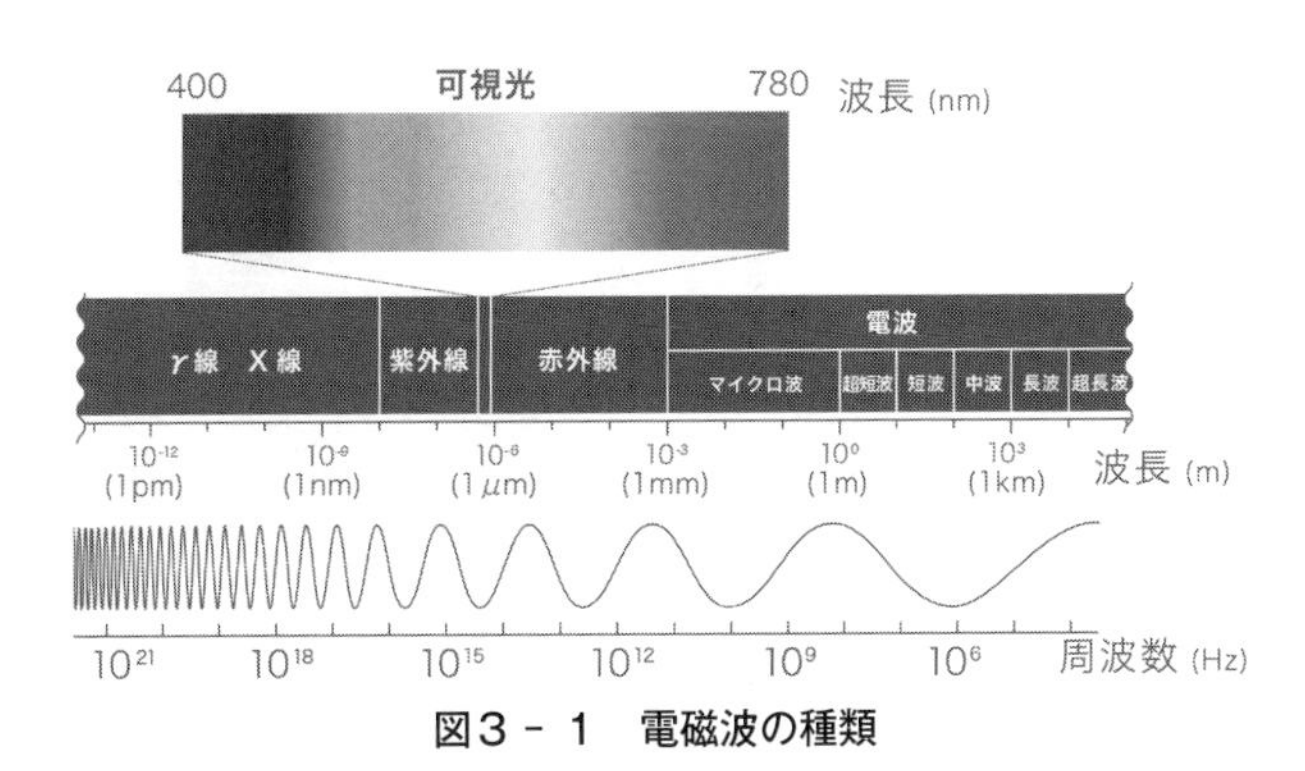

図３－１　電磁波の種類

文学が深く関わります。

ここで、電波天文学について見ていく前に、電波という言葉の定義を確認したいと思います。電波とは、電磁波のある波長の範囲を示しています（図３－１）。

たとえば、夜空を見上げたときに月が見えます。これは月が太陽の光を反射しているからです。この見える光は、私たちの目が感度を持つ約４００～７８０ナノメートル範囲の電磁波で「可視光」とよばれます。可視光よりも波長が長いものは「赤外線」とよばれ７８０ナノメートル～１ミリメートルの電磁波を指します。さらに波長が長いものが「電波」です。電波の中にも波長によって短波や長波といった区別がありますが、電波といったときには波長が１ミリメートルより長い電磁波のことだと考えてください。

◆電波天文学の前夜

実は、電波天文学の始まりは天文学者による研究ではあり

図3－2
カール・ジャンスキー

ませんでした。米国の電波技術者のカール・ジャンスキーの偶然の発見によるものです。

当時、ジャンスキーが勤務していたのは米国のベル研究所でした。ベル研究所は、発明家グラハム・ベルが創設したボルタ研究所に起源をもつ電気技術、とくに電話に関わる技術開発で優れた実績をあげた研究所です。

大学卒業後の１９２８年にベル研究所に入所したジャンスキーは、電波の研究に取り組み、屋外に受信機を設置し、あらゆる方向からの電波信号を片っ端から記録しました。彼は、検出した電波雑音を3種類に分類しました。それが、近隣の雷、遠方の雷、そして未知の信号です。

彼はそのうちの未知の信号を分析しました。そして、未知の信号が１日周期で変動していることに気づきます。彼は当初この信号の正体を、太陽が出している電波を地球の自転によって１日周期で受信しているものだと解釈しました。これは「太陽起源説」とよばれました。その後、より精密に測定したところ、その未知の電波信号の変動周期は、正確には23時間56分であることが判明しました。

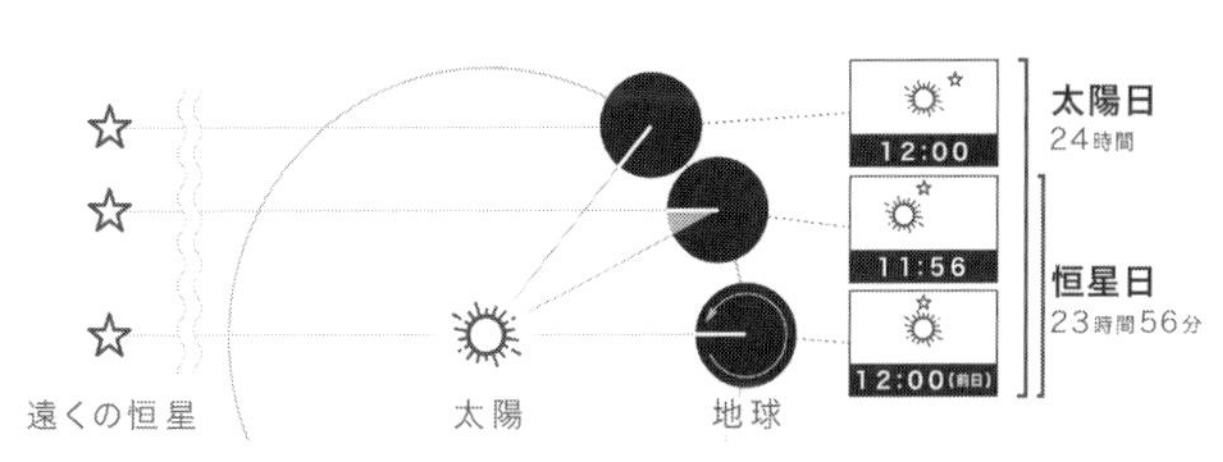

図3－3　恒星日

太陽起源説が正しければ、ピッタリ24時間でなければなりません。したがって、太陽起源説は棄却されました。

ここで、この1日が24時間というのは、太陽日（たいようじつ）とよばれるものです。時間の定義には、太陽の動きに基づく太陽時（たいようじ）があり、ある地上の場所で太陽高度が最も高くなった瞬間から、翌日に再び最も高い位置にくる瞬間までの時間間隔を太陽日とよび、これが24時間の由来です。しかし、夜空に輝く恒星のみかけの運動は、太陽のものとは少し異なっています。これは、地球が太陽の周りを公転運動するためです。地球が公転運動するため、太陽がふたたび最も高い位置に見えるためには、地球の自転1回分より少しばかり余分に回転する必要があるのです。つまり、24時間の間に地球は1回転より少し多く回転しているのです。

一方、多くの恒星は非常に遠くにあるため、地球の公転による見かけの位置のずれも非常に小さいものです。よって、地球の公転は、恒星の見かけの高度が最高点に到達してから再び最高点に戻るまでの時間間隔にほとんど影響しません。この時間間隔は「恒星日（こうせいび）」とよばれ、これこそが約23時間56分なのです。

こうして、ジャンスキーが発見した23時間56分周期で変動する電波信号は、太陽からのものではなく、遠方、つまり太陽系外の天体からの電波信号を地球の自転によって観測しているものだと判明したのです。

最終的に、その未知の電波信号は飛来する方向が特定され、銀河系中心（いて座）から発信されていることがわかりました。１９３３年、ジャンスキーはその成果を論文として発表しましたが、当時は、多くの天文学者の関心を集めることはありませんでした。

その後、彼はベル研究所で別の研究プロジェクトに移り、電波天文学（当時、この学術用語すら存在しなかった）に関わることは遂にありませんでした。しかし、彼の業績を讃えて、電波天文学における電波強度の単位はジャンスキー（Jy）が用いられます。この単位は、電波で観測できる主要天体の電波強度を表現するのに便利なため、電波天文学ではワット（W）の代わりに好まれています。

3-2 謎の電波シグナルは、どこから来るのか？

電波天文学が天文観測の方法として重要であることが認識されるまでには、ジャンスキーの発見から25年ほどの時間がかかりました。

従来の天文学では、光を発する恒星、そしてその集団としての銀河が主な観測対象でした。可視光での観測なので、いわゆる光学望遠鏡が用いられます。恒星はその中心が高密度なため、核融合を起こし、その熱エネルギーで光り輝くのです。このことは、20世紀半ば、原子核物理学の研究によって明らかとなりました。熱エネルギーなので、恒星の表面の原子・分子はランダムに動き回ります。

一方、強い電波を発生させるためには、多くの電子を揃って運動させる必要があります。実際、電波を発するアンテナは、そうした目的の電気回路です。そんなアンテナが、自然界に存在するとは思えません。したがって、ジャンスキーが未知の信号が宇宙から来ていることを発表した当時、すぐ近くにある太陽を除いて、星からの電波を観測しようとは考えられていなかったのです。

◆パルサーの発見

１９６７年8月6日、ケンブリッジ大学の博士課程大学院生だったジョスリン・ベルは、偶然、不思議なシグナルに気づきました。当時、始まったばかりの電波天文学での観測中の出来事です。宇宙のある方向からの周期１・３３７秒の電波シグナルを発見したのです。ベルは、電波望遠鏡（大型の電波受信機です）を用いて地球の上空かなたの電離層を研究しているなかで、この未知の電波を発見しました。

前述のように、この当時も、周期的な電波を出す天体現象など想像さえされていない時代でした。そのため、この電波は太陽系外の知的文明が発しているものではないかという説さえ登場し、リトル・グリーン・マン（欧米における宇宙人のステレオタイプである「小さな緑色の人間」）というニックネームでよばれたほどです。

しかし、その後の観測で、これがパルサーとよばれる天体からの電波によるものだと判明しました。

3-3 中性子星の誕生

先に、パルサーの正体を紹介します。パルサーは中性子星とよばれる星です。いきなり、中性子星といわれて驚いた方もいらっしゃると思います。この中性子星は、いま天文学でもっとも注目されている天体の一つです。そこで、この節では中性子星の成り立ちについて、簡単に解説します。

中性子星は、宇宙で最初に誕生するものではありません。ある恒星の終状態として生まれま

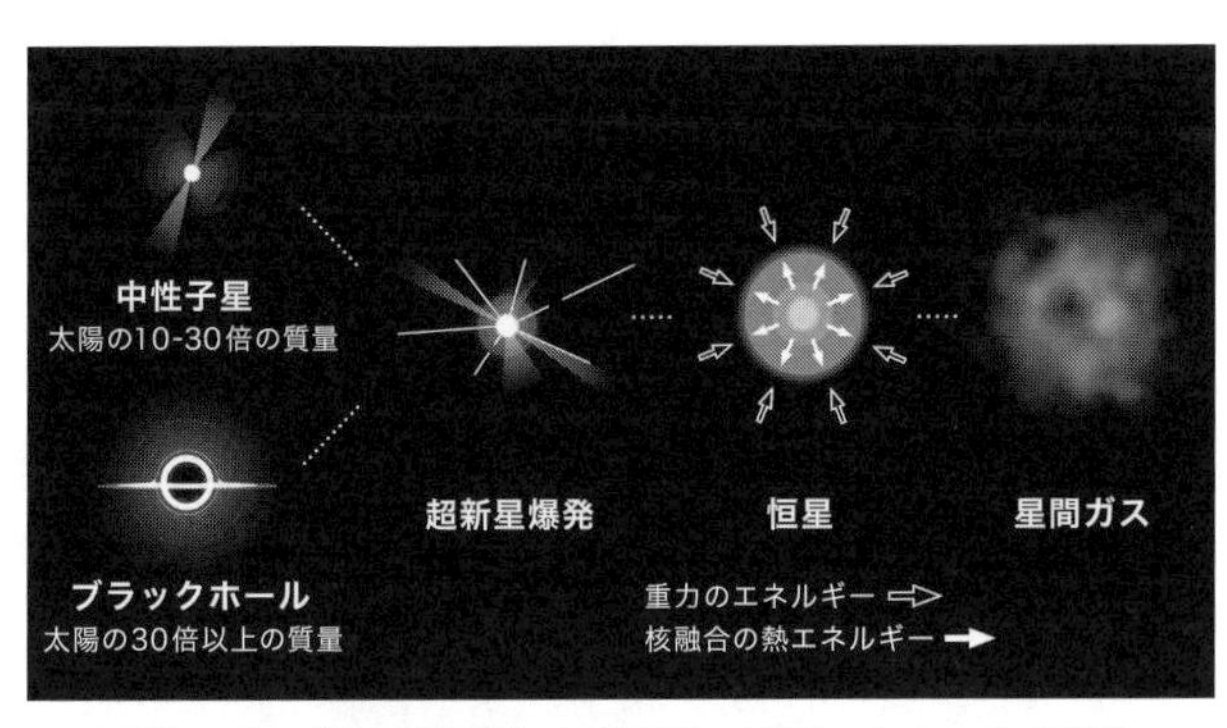

図3－4　恒星の質量と中性子星・ブラックホールの誕生

す。その過程を順番に見ていきましょう。

まず、恒星は宇宙空間におけるガス（気体状態の物質）が重力で集まることで生まれます。恒星の内部は、中心に向かうほど物質密度が高くなり、その結果、核融合を起こします。この核融合による熱エネルギーと引力である重力のエネルギーが釣り合った天体が恒星です。私たちにとっては、太陽がもっとも身近な恒星です。

では、恒星が核融合の燃料を使い果たすとどうなるでしょうか。引力である重力を支えることができないため、恒星は内部へ収縮を始めます。このとき、恒星の質量がその運命を分けます。太陽の10倍から30倍までの質量をもつ恒星の場合、急激な収縮である重力崩壊を起こし、内部が圧縮された際に大量の熱エネルギーが放出されて、恒星自体が吹き飛ぶとされています。この現象を超新星爆発とよびます。

このとき、恒星の物質のすべてが外側に吹き飛ぶのではなく、中心部分に固いコアが形成されると考えられています。このコアとして残される部分が、中性子星です。１９８７年に発見された超新星爆発の中心部分に中性子星が存在する証拠が２０２４年に見つかりました。

一方、太陽質量の30倍以上の恒星は、中心部分で爆発が起こる前にブラックホールとなってしまいます。ですから、このブラックホール形成の場合では、外側に物質が吹き飛ばされることはありません。

一方、質量が太陽の10～30倍くらいまでの恒星の場合は、その中心部が圧縮されて中性子星が形成されると考えられています。原子は、中心に正の電荷をもつ原子核があり、その周りを負の電荷をもつ電子が回っています。ところが、重力によって強力に圧縮された結果、その中心部の密度が原子核の密度くらいになると、もはや電子が原子核の周りを自由に移動できなくなります。そして、電子と陽子が反応して、中性子に変換されます。そのため、中性子星には、通常の原子は存在しません。また、このときの反応で中性子以外に作り出されるのが、ニュートリノです。

超新星爆発からのニュートリノを検出したのが、カミオカンデとよばれる検出器です。この初検出の成果で、２００２年、小柴昌俊博士（東京大学）がノーベル物理学賞を受賞しました。さらに、小柴博士の愛弟子の梶田隆章博士は「ニュートリノには質量がない」という定説を覆す発見をしました。2015年、梶田博士もノーベル物理学賞を受賞しました。ちなみに梶田博士は、現在、我が国の重力波望遠鏡KAGRAの代表も務めています。

ところで、恒星の寿命が尽きたすべての恒星が中性子星になるわけではないと説明しました。太陽の10倍くらいまでの質量の恒星では、どうなるのでしょうか。この場合、中心が中性子になるほどの高密度までは圧縮されません。核融合による熱エネルギーがなくても、電子どうしの反発力で自身の重力を支えることができるからです。こうした天体を白色矮星（はくしょくわいせい）とよびます。同様に、中性子どうしの反発力で支えられる重力にも上限があるため、もとの恒星の質量が太陽の30倍までの場合に、最終的に中性子星になると考えられています。もちろん、もとの恒星の進化段階で表面からの質量放出が続くため、最終的な超新星爆発によって大部分の質量が吹き飛ばされた結果、中性子星の質量は、はじめの恒星の質量の10分の1くらいになり、その半径はおよそ10キロメートルになります。くり返しになりますが、太陽質量の30倍以上の恒星は最終的には強力な内部重力により、ブラックホールが形成されると考えられています。

3-4 中性子星の強烈な磁場

中性子星は通常、磁場をもっています。これは、中性子星になる前の恒星（親星（おやぼし））が磁場をも

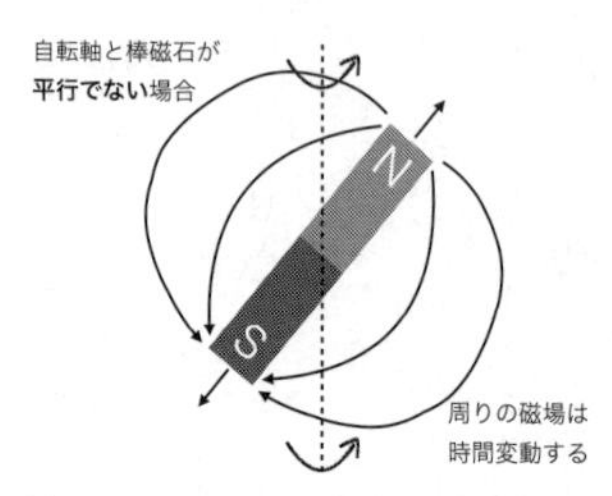

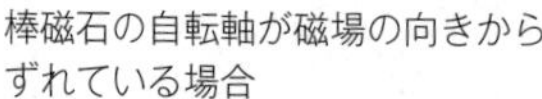
棒磁石の自転軸が磁場の向きからずれている場合

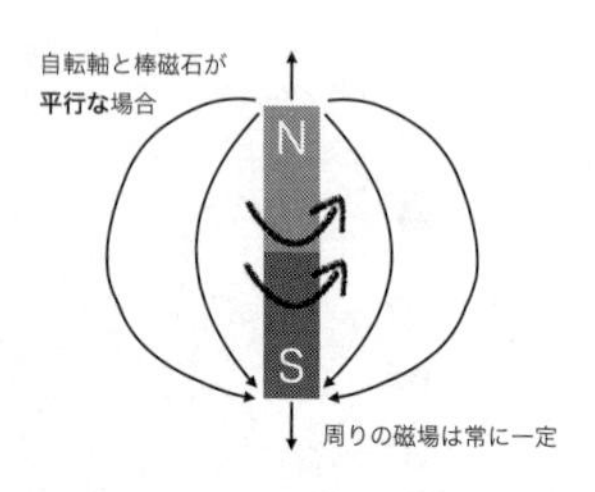

棒磁石の自転軸が棒磁石の軸と完全に一致する場合

図3－5　回転する棒磁石

っていたため、超新星爆発で中心部分が爆縮される際、その磁場が中性子星に残存したからだと考えられています。ただし、中性子星の大きさは、もとの恒星に比べて5桁以上も小さくなります。そのため、磁力線の本数が保存されれば、単位面積を貫く磁力線の本数（数密度）は、おおよそ星の半径の2乗に反比例しますから、中性子星表面での磁力線の数密度は親星のものより10桁以上増幅される勘定となります。こうして、中性子星の表面磁場はとても大きくなる特徴があります。

　磁力の単位には「テスラ」があります。近年発見された中性子星のなかに、10^8から10^{11}テスラにもおよぶ非常に強力な磁場をもつものがあります。リニアモーターカーを浮上させる磁力でさえ1テスラになりません。この磁力がいかに強力かわかると思います。このように強力な磁力を放つ中性子星は、「マグネター」とよばれています。この非常に強い磁場の原因は、親星の磁力線の圧縮だけでは説明できないため、現在も研究が続いています。

中性子星での実際の磁場の形状は非常に複雑ですが、ここでは簡単のため棒磁石で中性子星の磁場を表現してみましょう。

一般に、中性子星の自転軸と磁場の向き（地球でいえば、方位磁針でN極が指す方向）とは異なります。この状況は、棒磁石の場合、棒磁石を回転させたときの自転軸が、棒磁石の軸と一致しない状況に対応します。

図3－5を見てください。右図は自転軸と磁場の向きが平行な場合です。棒磁石の自転軸が棒磁石の軸と完全に一致する場合、棒磁石が自転しても、周りの電磁場は全く変化しません。つまり、電磁波は発生しません。左図のように、棒磁石の自転軸が磁場の向きからずれている場合は、周りの電磁場は時間変動します。これは、電磁波の発生を意味します。

この現象が、中性子星から送られてくる電波パルスの正体だと考えられています。1967年にベルたちが捉えた未知の信号は、このパルサーからの電波信号だったのです。

◆電波の指向性はなぜ生まれるのか？

この棒磁石の自転モデルで発生する電磁波は比較的広い方向に放射されます。しかし、パルサーからの電波パルスは、もっと特定の方向に絞り込まれたものだということが知られています。

この理由はなぜでしょうか。

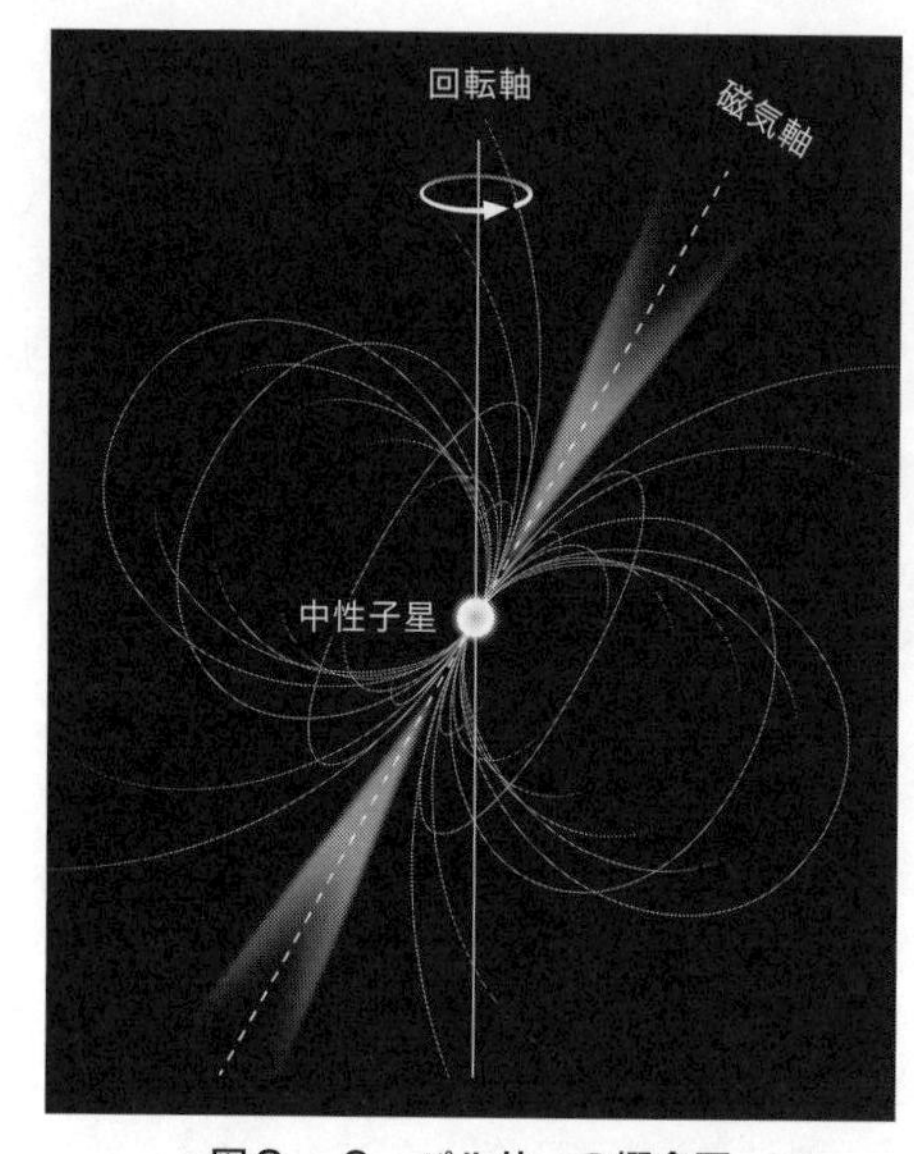

図3－6　パルサーの概念図

実は、電波の方向を絞り込む物理機構は、まだはっきりと理解されていません。このように、中性子星はまだまだ謎だらけの天体で、中性子星の磁場の根本部分、つまり、磁場と中性子星の表面との相互作用の理解が待たれます。

3-5 ミリ秒パルサーの発見

ベルたちによるパルサーの発見以降も、次々とパルサーが見つかりました。その中には、電波パルスの周期がわずか1ミリ秒のものまでありました。電波パルスの周期性は、パルサーの自転が原因だと考えられています。そのため、このパルサーは周期1ミリ秒で自転していることになります。

たとえば、地球を自転周期1ミリ秒で高速回転させると、地球の円周はおよそ4万キロメートルですから、その赤道での自転速度は、秒速４０００万キロメートルにもなります。これは光速の約１３０倍ですから、まったく不可能な速度です。そもそも、地表での重力よりも遠心力が何桁も大きくなり、地球が破壊されてしまいます。

では、このような自転周期がありえるのでしょうか。前に述べたように、中性子星の大きさはおよそ半径10キロメートルくらいだと推定されています。半径10キロメートルの球内に太陽質量程度を詰め込むと、ちょうど中性子の密度に一致するからです。また、その中性子星を自転周期1ミリ秒で高速回転させても、赤道での自転速度は秒速約6万キロメートルとなり、光速を超えません。とはいえ、これでも光速の5分の1ですから、中性子星が遠心力で壊れてしまわないかが気になります。しかし、中性子星の内部重力が十分に強いため、その大きな遠心力と釣り合うことができるのです。

なお、自転速度の上限は光速ですから、自転周期が０・１ミリ秒のようなパルサーは許されません。そのため、０・１ミリ秒周期で自転するパルサーがこれまで見つかっていないことにも納得できます。

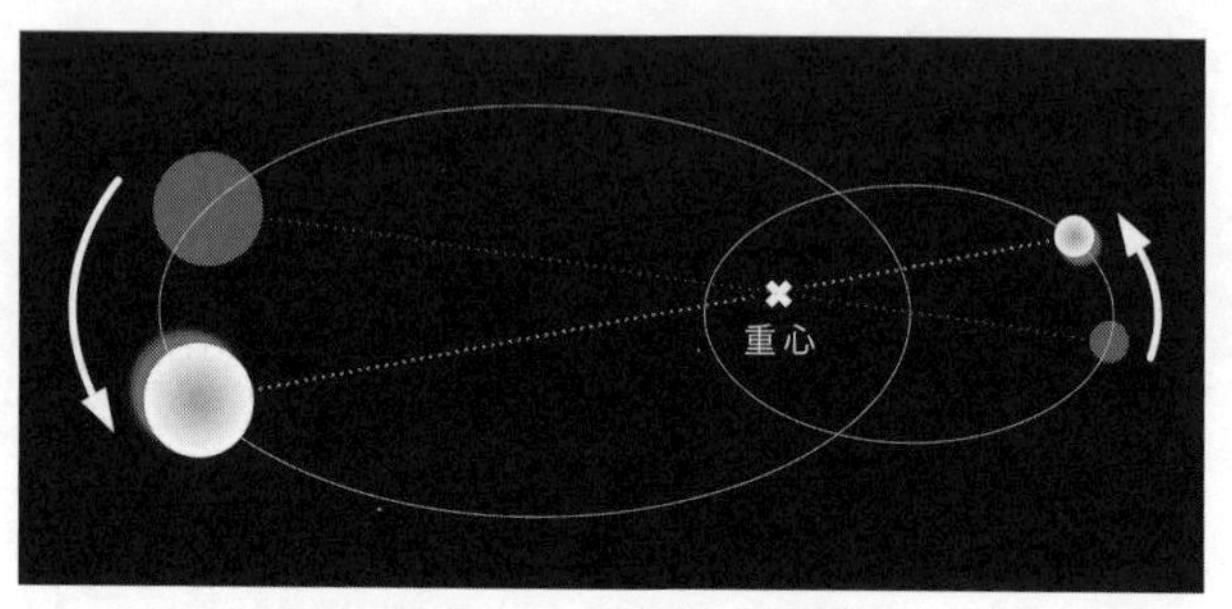

図3－7　連星系の概念図

3-6 連星パルサーからの証拠

　天体の質量を測ることは大変難しいことです。とくに単独で存在する場合、その質量が周りの天体の運動に影響しないため、その質量がわからないことがほとんどです。では、パルサーの質量を知るにはどうしたらいいのでしょうか。その問題の解決に、1章で登場した連星パルサーが大変役に立ちました。

　1－5節で、ハルスとテーラーが発見した連星パルサーについて簡単にふれました。この連星パルサーで行われた推定を元に、パルサーの質量を知る方法を紹介したいと思います。

　前述のように、連星とは2つの星が重力的に結合した連星系を作っているものです。この連星パルサーは、その後の観測の結果、パルサーからの周期的な電波パルスが規則的に変動していることがわかりました。また、その変動周期は約8時間でした。

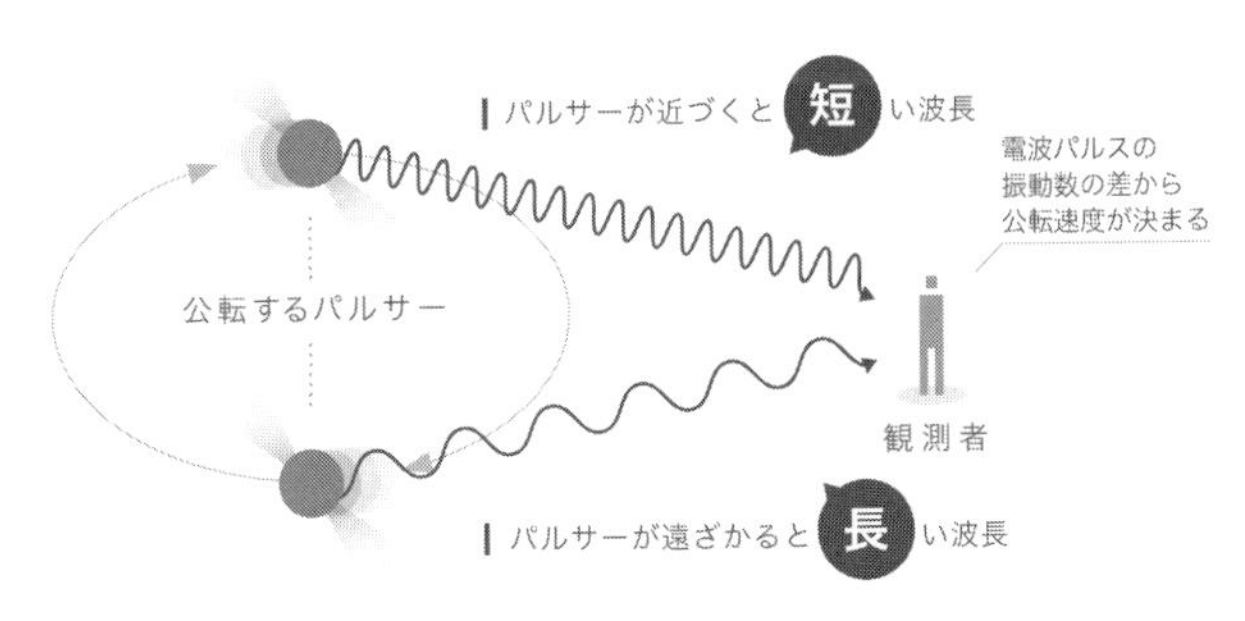

図3－8　ドップラー効果

つまり、このパルサーは、公転周期およそ8時間で、互いの星をまわっていることになります。その公転運動によるドップラー効果のため、電波パルスの振動数が変化したのです。

ここで、ドップラー効果とは、観測者もしくは光（あるいは音）の発信者が運動するときに、光（あるいは音）の振動数が変動する現象のことです。日常生活で我々もドップラー効果を体験しています。代表例は、救急車やパトカーなどの緊急車両のサイレンの音です。緊急車両が近づくとき、そのサイレンの音は高く聞こえ、遠ざかるときに低い音として聞こえます。

同様に、連星パルサーからの電波パルスの振動数の変動の大きさは、そのパルサーの公転速度で決まります。よって、測定された振動数の変動の大きさから、その公転速度が求められ、その結果は、なんと最大で秒速500キロメートルほどにもなりました。これは、光速のおよそ0・1パーセントです。

公転速度と公転周期がわかりましたから、およその公転半径を見積もることができます。これは約50万キロメートルです。とても大きそうですが、実は、この大きさは、太陽の半径と同程度にすぎません。異常なまでに互いに接近した連星として、このパルサー連星は公転していたのです。なお、厳密には、その連星パルサーの軌道は楕円形をしているため、学校の試験の答案などでは「楕円軌道の長半径」と書くべきところですが、本書では、簡単のため「半径」とよんでいます。

◆ケプラーの第3法則、ふたたび

さて、1章で惑星の運動に関するケプラーの法則を紹介しました。その3番目の法則は「惑星の公転周期の2乗は、楕円軌道の長半径の3乗に比例する」というものでした。これは、公転周期、質量、公転半径の三者の間の関係式を与えています。ケプラーの法則は、万有引力の法則を用いて説明できますから、天体の種類によらずに成り立ちます。よって、この連星パルサーにも適用できます。

連星パルサーの公転周期と半径はすでにわかっていますから、ケプラーの第3法則を用いて、その質量を求めることができます。しかし、この場合の質量は、連星パルサーを構成する2個の天体の合計質量です。

　では、この2つの星のそれぞれの質量を調べるには、どうすればよいでしょうか。

　ここでも一般相対性理論が大活躍しました。1章を思い出してください。一般相対性理論の予言は万有引力とは異なります。

　たとえば、万有引力に対して、惑星は太陽の周りを楕円軌道を描いて運動します。しかし、一般相対性理論では、惑星の軌道は楕円形から少しずれます。実際、水星の近日点が公転するごとに移動する現象が天文学者によって知られていました。近日点とは、惑星の楕円軌道においていちばん太陽に近い点のことです。完全に楕円軌道ならば、近日点は不動点のはずです。1章で説明したように、一般相対性理論における時空の曲がりによる物体への引力は、ニュートンの万有引力からの予言とは少し違うものでした。この小さな違いのために、惑星の近日点が移動します。そして、その移動量は一般相対性理論に基づく計算結果と一致しました。

　この近日点が移動する現象は、2個の天体の合計質量だけでなく、それら2個の天体の質量の比にも依存します。よって、近日点移動が観測できれば、ケプラーの第3法則と一般相対性理論を合わせることによって、2個の天体の合計質量だけでなく、天体間の質量の比も求めることができます。これにより個々の天体の質量が推定できるのです。

　この近日点が移動する現象は、この連星パルサーでも観測されました。こうして、求められた

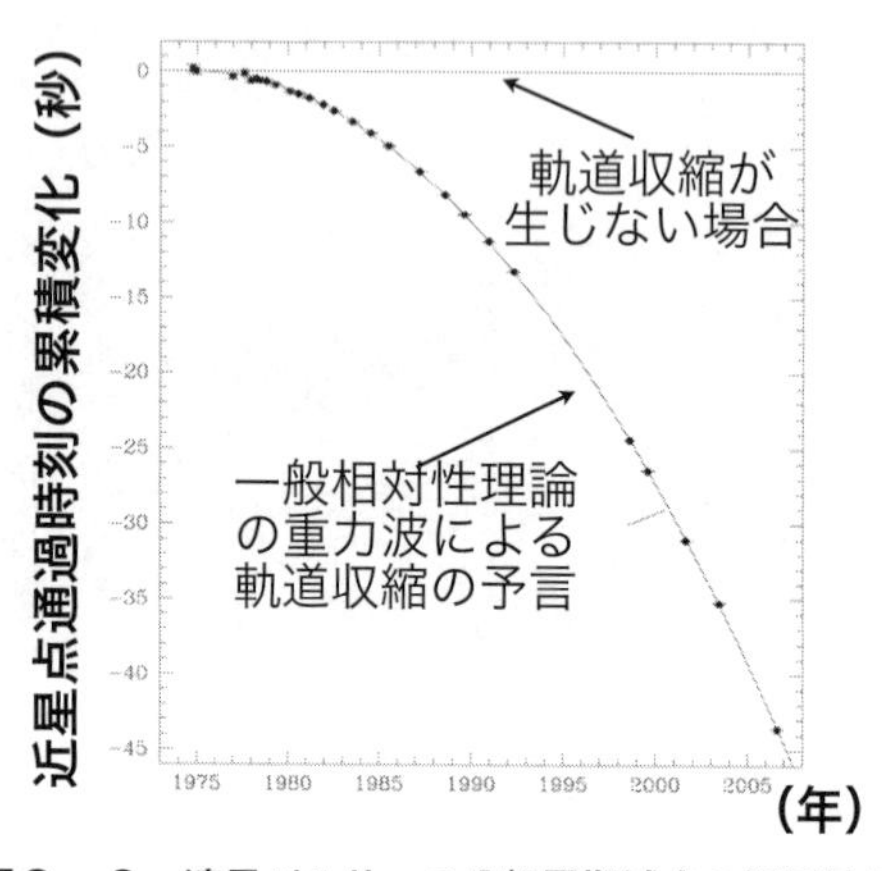

図3－9　連星パルサーの公転周期減少の観測結果

パルサー単体での質量は、それぞれ太陽質量のおよそ1・4倍だと判明しました。

3-7 一般相対性理論は正しいのか!?

連星パルサーにあらわれる一般相対性理論の効果は、近日点の移動だけではありません。1章で紹介したように、重力波がエネルギーを持ち去る結果として、連星パルサーの公転周期の減少が起こります（図3－9）。

この公転周期の減少もまた、2個の天体の質量の合計とそれらの比で決まります。ただし、質量比の依存性は、公転周期の減少と近日点移動とでは異なります。そのため、片方の観測結果（たとえば、公転周期の減少）を説明するための質量比の値と、もう一方の観測結果（近日点移動）からの質量比の推

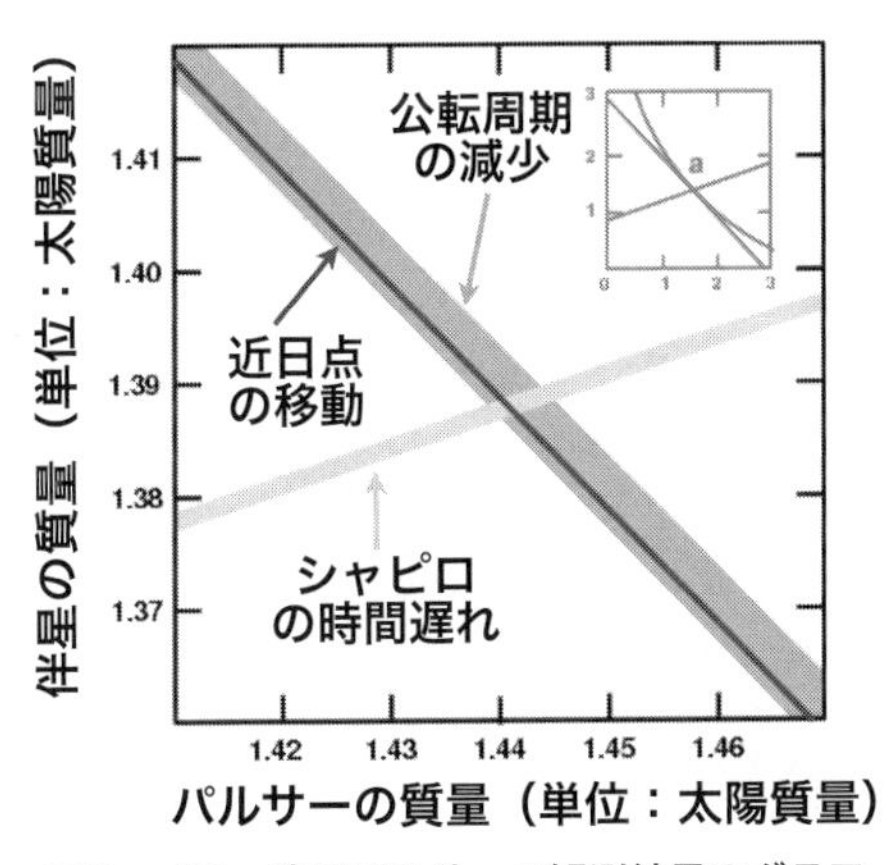

図3－10　連星パルサーの観測結果のグラフ
近日点移動、シャピロの時間遅れ、公転周期の減少に対応する3本のグラフが、1ヵ所で交わっている。

定値が異なる可能性がありました。

もし異なった場合、一般相対性理論が連星パルサーに適用できない、つまり、その理論が正しくないということになります。結果は、無事に一般相対性理論は両方の観測から同じ推定値を導き出しました。

◆シャピロの時間遅れ

このとき、第3の観測も行われました。それは、「シャピロの時間遅れ」とよばれる現象です。これは、1964年に米国の天文学者アーウィン・シャピロによって予測されたものです。

連星パルサーでは、パルサー以外にもう1個の天体が存在します。一般相対性理論では、重力とは時空の歪みでした。そのことから、天体の周りの時空は、天体の質量によって曲がっています。その曲がった時空の中をパルサーが発した電波パルスが通過します。このとき、時空の曲がりのせいで、電波パルスの伝播経路は引き伸ばされます。これにより、光と同様に、電波パルスが地球に届く時間も少し遅れるのです。この時間のずれをシャピロの時間遅れといいます。

この遅延時間は、そのもう一つの天体の質量によって主に生じます。ハルスとテーラーが発見した連星パルサーでも、この測定が行われており、そこから推定された天体個別の質量は、これまで見てきた近日点移動や公転周期の減少から求められた結果と一致しました。

これらの結果をまとめたものが、図3-10です。

足早に紹介しましたが、近日点移動の観測結果、公転周期の減少、そしてシャピロの時間遅れの測定結果、図3-10のように、それらに対応する3本のグラフが1点で交わっていることは、一般相対性理論に基づくそれらの観測の解釈が首尾一貫している強い証拠なのです。

3-8 パルサータイミング法の着想

さて、本書の序章で「パルサータイミング法」という新しい天文観測が登場したことを紹介しました。この天文観測の手法がどのようなものか、そのアイデアに遡(さかのぼ)って見ていきたいと思います。

さきほどのシャピロの時間遅れが、理論的に見出されたのは1964年です。すごいことに、その翌年には実際の観測が行われています。ただし、これは連星パルサーの発見以前のことなので、太陽の重力による現象として観測が行われています。

1960年代は、米国がさかんにロケットを打ち上げ、太陽系内の探査を始めた時期でした。そこで人工衛星からの電波を用いて、太陽重力によるシャピロの時間遅れの測定が行われました。この重力は、静止した質量（太陽質量）による時空の曲がりによるものです。

さて、このシャピロの時間遅れは、静止した質量によって光（電波）の伝播経路が引き伸ばされ、遅れて到着する現象です。前節での連星パルサーによるシャピロの時間遅れの測定では、電波は質点とすれ違うときにほとんど引き伸ばされるため片方のパルサーを静止させて計算しています。

ここで疑問に感じた読者の方もいらっしゃるかもしれません。前節での連星パルサーは、互いに運動している天体でした。なぜ静止した質量によって計算されるシャピロの時間遅れを求めることができるのでしょうか。これは「光速度不変の原理」に従い、パルサーに対して動いている天体を基準にしても光速が同じままなので、片方のパルサーを静止させて計算しても問題がないからです。

さて、静止した質量による時空の曲がりの代わりに、時間変動する時空の曲がり、つまり重力波によって、電波の伝播経路が引き伸ばされ、遅れて到着する現象を理論的に調べたのが、フランク・エスタブルックとヒューゴ・ワールキストでした。

◆時間遅れと重力波検出

1972年、彼らはシャピロと同様に、太陽系内の人工衛星からの電波信号が遅れる状況を考察しました。

ただし、決定的な違いは、彼らの考察では、その遅れる原因が重力波によるものだと考えた点です。

重力波による空間の歪みを検出する方法は2章で紹介しました。彼らは、それと同様に、人工衛星と地球の間の空間も重力波によって伸び縮みすることから、人工衛星からの電波の到着時刻のずれを用いて、その空間の伸び縮みを検出できると考えたのです（図3－11）。

しかし、実際の観測では、彼らの予測した電波信号の遅延は検出されませんでした。電波信号の遅延は重力波が強ければ強いほど大きくなります。しかし、その遅延が観測精度内で検出できなかったので、彼らは太陽系を通過する重力波の強さに初めて実験的な上限を与えることができました。ただし、実在する天体から予想される重力波の強さは、彼らの上限値よりずっと小さい

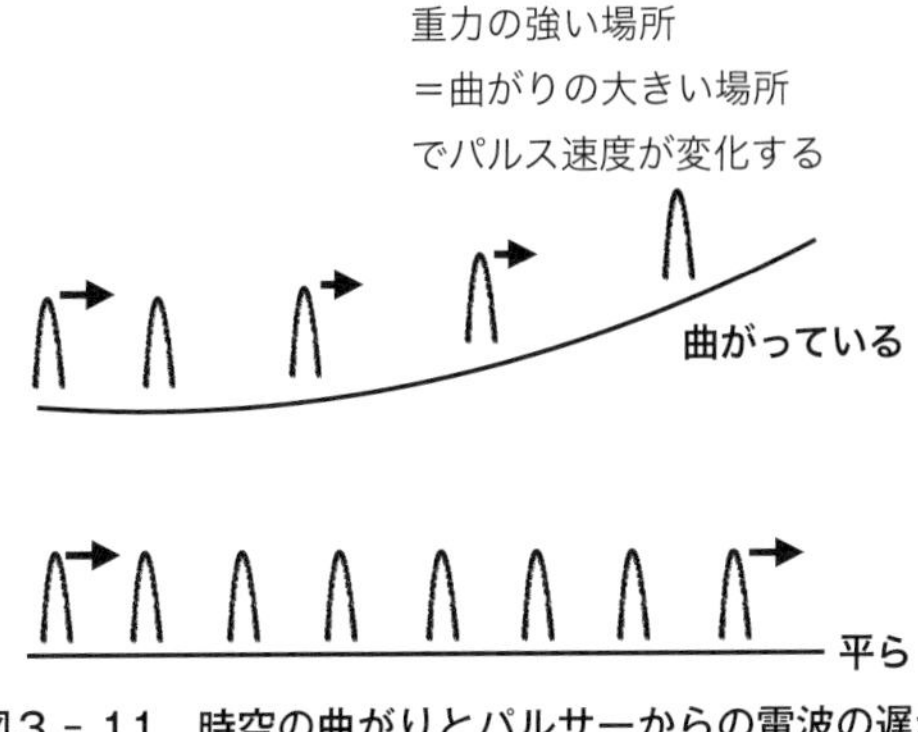

図3－11　時空の曲がりとパルサーからの電波の遅れ

ため、彼らの結果は、具体的に天体物理学に影響することはありませんでした。こうして、彼らの実験手法は天文学に直接関係しない原理的な話だとみなされました。

同時期に、彼らと似た状況を考察する人々がいました。旧ソ連のミハイル・サラジンと米国のスティーブン・デトワイラーです。ただし、彼らは、人工衛星の代わりにパルサーを用いました。

これまで紹介したように、パルサーからの電波パルスは非常に周期的なものです。この宇宙でもっとも精密な時計を用いるという画期的なアイデアを提唱したのです。このアイデアの詳細は6章でくわしく解説します。

パルサーは、我々の銀河系内に点在しており、このパルサーを用いる方法で数ヵ月から数年の周期で変動する重力波が検出できるとされています。

今日までの観測における最高精度のパルサーは、「J0437-4715」とよばれるもので、約5・8ミリ秒の周期に対して、周期の誤差は1・7×10^{-17}秒しかありません。つまり、15桁もの精度を保っているのです。この精度は、世界標準時の定義に用いられている原子時計の精度をも上回ります。ただし、この15桁の精度は、長時間データを統計処理した結果として得られるものです。個々のパルサーを短時間測定しても、こんな時間精度は達成できません。

3-9 天体最高精度の時計

そもそも数多くある天体の中で、パルサーからの電波信号だけが、なぜそんなに時間精度がいいのでしょうか。

現在まで、パルサーが電波を発生させる現場を直接観測した事例はありません。前述のように、パルサーは半径がおよそ10キロメートル程度なので、その表面を直接観察する角度分解能が望遠鏡にないためです。それでも、パルサーは強い磁場を持っていることがわかっており、その自転が電波パルスの周期性の源だと考えられています。

電波パルスの周期が正確な理由は、パルサーの自転が安定であるためです。実は、このパルサーの自転運動がほとんど変動しない理由こそが、パルサーの正体に関係します。

パルサーの正体は中性子星だといいました。巨大な中性子の塊が自転しているのです。太陽な

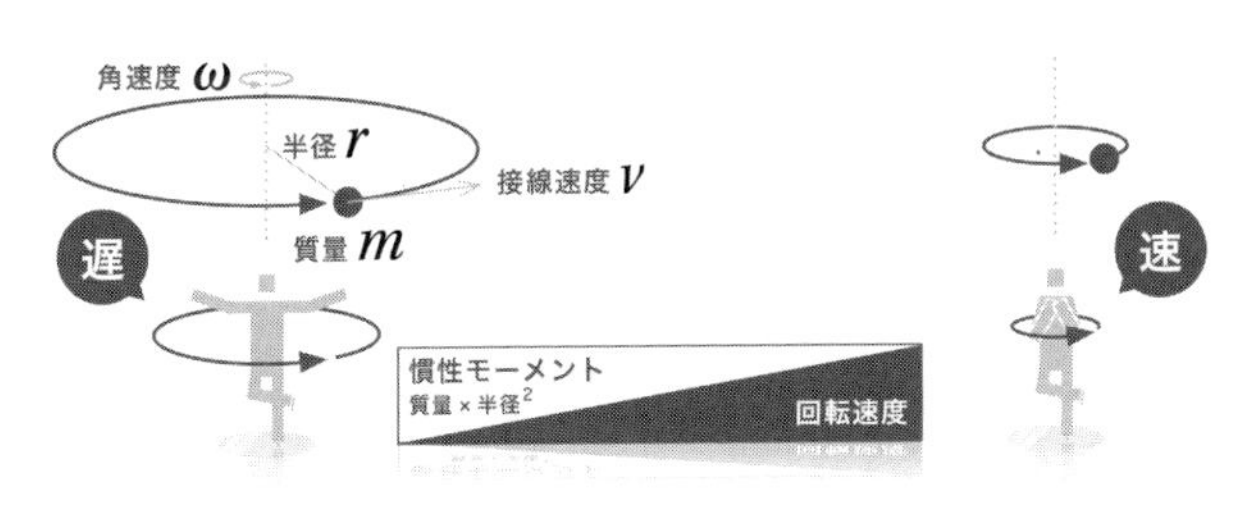

図3－12　角運動量の保存則

どの恒星の内部は高温のガスで満たされています。そのため、対流によって物質が循環しています。これらの天体は、内部の物質分布が絶えず変動するため、自転の速度が変化します。つまり、自転の周期がある程度、変動するのです。

ここで、重要になる物理量があります。それは「角運動量」です。角運動量は、回転運動の大きさを表す物理量の一つです。

ある物体が角運動量を持つとき、外から力を及ぼさなければ、物体の角運動量は同じままです。より厳密に書くと「外からトルクを与えないかぎり、物体の角運動量が保たれる」というのが、力学における法則の一つです。これは角運動量の保存則といいます（図3－12）。

角運動量の保存則は、孤立した天体にも当てはまります。周りから孤立していて、他の天体から影響を受けないため、その天体の角運動量は時間的に同じままです。

天体の角運動量と自転周期は反比例します。角運動量が大きいほど、自転周期は小さくなります。その関係式における係数は「慣性モーメント」とよばれ、天体内部の物質分布に依存します。天体内部の物質分布が時間変化する場合、天体の慣性モーメントが時間的に変化するため、角運動量が一定でも自転周期は変化するのです。

少しややこしいかもしれませんので、例え話をします。

フィギュアスケートでスピンする選手を思い出してください。手を広げたスケーターがその場にとどまって回転しています。最初、回転は比較的ゆっくりです。その後、両手を縮めるにつれて、スケーターの回転はどんどん速くなっていきます。スケートリンクとスケートシューズのエッジとのわずかな摩擦を無視すれば、スケーターには外から力が働いていません。よって、角運動量の保存則が当てはまります。スケーターの回転に対する角運動量は一定のままです。腕をたたみ込んだことによって慣性モーメントが小さくなり、スケーターの回転周期が短くなります。

同様に、内部の物質分布が時間変動する天体では、自転周期が変動します。一方、中性子の巨大な塊である中性子星は、その内部の物質分布がほとんど変動しないため、その慣性モーメントが一定のままなのです。そのため、角運動量の保存則によって、中性子星の自転周期は一定に保たれます。もちろん、地上実験で再現できないような高密度物質からなる中性子星の物理状態は完全には解明されていません。中性子星の薄い表面は通常の原子核と電子からなる薄い固体だという理論仮説もあり、中性子星の中心部分は中性子よりもさらに高密度な状態だという説もあります。ですから、その慣性モーメントが一定であることは、あくまで十分によい近似だと考えてください。

コラム

重力波に縦波成分は存在するのか？

3－8節で登場した、エスタブルックらの人工衛星を用いた重力波の測定方法ですが、ここにはおもしろい話題があるのでこのコラムで紹介します。
彼らの観測では、地球から送信した電波を衛星の送受信機で地球に送り返して、地球での周波数の変動を観測していました。この場合は、電波の経路は往復となります。

一方、パルサーからの電波を用いる場合、我々からパルサーに電波を送信するわけはなく、パルサーが発した電波が地球に届くのを観測するのみです。つまり、電波はパルサーから地球への一方通行です。

往復なのか一方通行なのかは、一般相対性理論における重力波にとって、経路の長さが2倍になるかどうかの違いだけで、原理的な相違点はありません。しかし、定性的な違いが生じる場合があります。

1章で、時空の曲がりを記述する理論として擬リーマン幾何学というものがあることを紹介しました。この擬リーマン幾何学を用いた重力理論の一般形が知られています。その一般形における重力波には、一般相対性理論のものとは異なる変位を引き起こすものがあります。

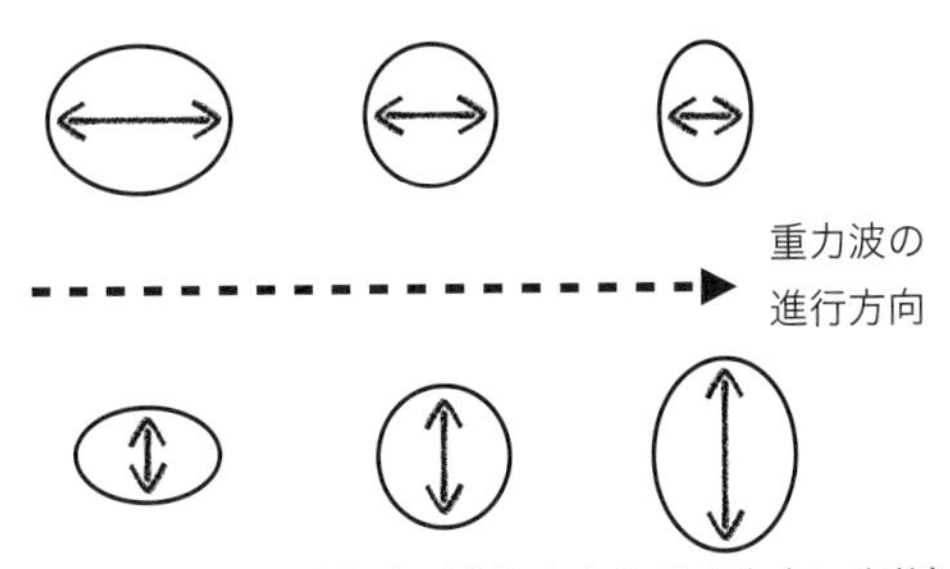

図3-13　2種類の余剰重力波の変位の違い

とくに、「スカラー場」とよばれる新しい自由度を一般相対性理論に追加した理論などは、一般相対性理論における重力波の成分以外に、余剰な重力波として縦波成分を予言しています。このことは2章でも少しだけふれました。さらに、その縦波成分に加えて、横波でありながら等方的に膨張・収縮（円の相似変形）を引き起こす重力波の余剰成分も予言されています。

これらの余剰重力波は、スカラー場の物理的自由度のため、トレースレスの性質（2章で出てきた、横波かつ面積保持の性質を有する重力波を思い出してください）が破れるため生じます（図3-13）。

そして、往復の経路の場合では、この2種類の余剰重力波の違いが往路と復路で相殺してしまい、区別できないことが知られています。地上の大型レーザー干渉型の重力波検出器やエスタブルックらの人工衛星を用いた重力波探査がこれに当てはまります。

一方、パルサーを用いた重力波探査は一方通行ですから、先ほどの相殺が起こらないため、原理的にその2種類の余剰重力波を区別することが可能です。

ただし、パルサーを用いた重力波探査の現状は、重力波の存在証拠が得られたという初期段階です。そのため、この余剰な重力波成分に関する議論は興味深いのですが、本書ではこれ以上の詳しい議論は行いません。

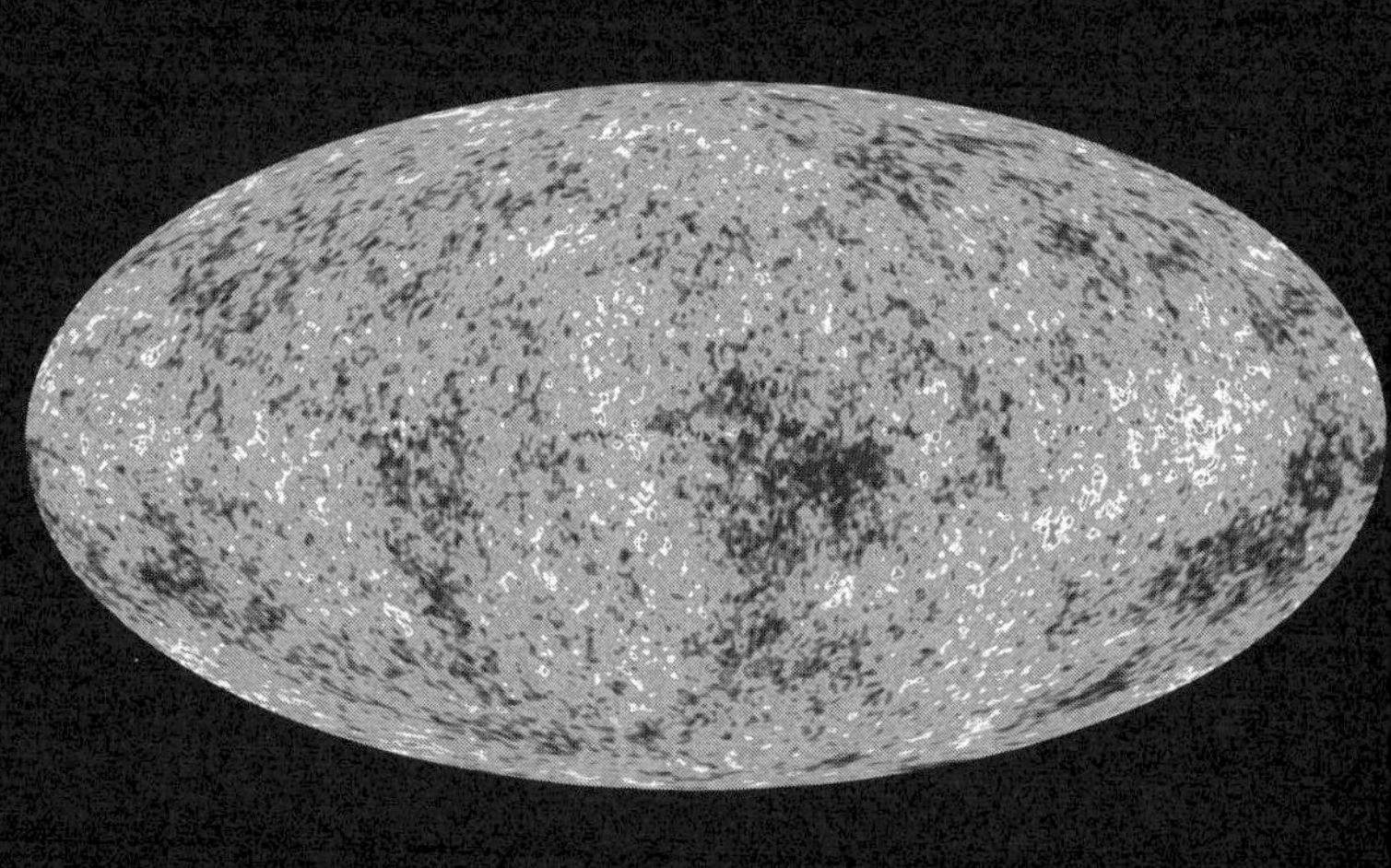

4章 宇宙誕生の痕跡とは インフレーション理論と原始背景重力波

宇宙の始まりと聞いて、皆さんはなにを思い出しますか。

ビッグバンで始まったとか、くわしい方なら、その前にインフレーションが起こったと答えるのではないでしょうか。この章では、ビッグバン理論に至るまでの理論研究および観測的発見の歴史、さらに、インフレーション理論がどのように提唱されたのか、どのような痕跡を宇宙に残しているのかについて見ていくことにします。

4-1 宇宙の膨張の発見

宇宙は膨張している、と聞いたことがあると思います。1章で見たように、アインシュタインは一般相対性理論を提唱したとき、彼自身でその理論を宇宙全体に適用してみました。

星があちこちに分布している状況に対しては、アインシュタイン方程式は複雑な形になってしまい、とても解くことができません。現在のスーパーコンピューターを用いても、現実的な物質分布に対する完全なアインシュタイン方程式を宇宙全体に対して解くことは不可能です。そのため、研究者たちは近似を用いて、もっと簡単な形にした方程式を解いています。

宇宙全体に星がランダムに分布しているとしましょう。このとき簡単のため、平均的な物質分布が宇宙全体にわたるという仮定のもとで、アインシュタイン方程式が調べられました。すると、その計算結果は「宇宙は膨張するか、もしくは収縮するか」のどちらかの可能性しかないことを意味していました。

しかし、星空の姿は不変に思えます。アインシュタインも、我々の宇宙が不変だと信じていたため、彼自身の計算結果に納得できませんでした。

そのため、アインシュタインは、「ある定数」をアインシュタイン方程式に付け加えることを思い付きました。

1章を思い出してください。アインシュタイン方程式を作るうえで重要なポイントは、物質のエネルギー・運動量の保存を表す数式とリーマン幾何学における恒等式（ビアンキ恒等式）の間の類似性です。そのため、アインシュタイン方程式に「ある定数」を加えても、この類似性は損なわれず、一般相対性理論は影響を受けません。少し数学的な言い方をすれば、「ある定数」は、微分方程式に対する一種の積分定数みたいな役割を果たします。

この「ある定数」の値をうまく選ぶことで（数学的には、積分定数の値をうまく調整することで）、宇宙の膨張や収縮を止めることが可能なことにアインシュタインは気付きました。我々の宇宙が不変であること（膨張も収縮も起きないこと）を要請すれば、「ある定数」の値が定まります。この結果にアインシュタインは大変満足しました。そして、「ある定数」のことを「宇宙定数」とよびました。

◆ハッブルとルメートル

1929年、米国の天文学者エドウィン・ハッブルが、宇宙が膨張しているという観測結果を論文として発表します。ここで、宇宙の膨張とは「遠方の銀河を観測すると、それらの銀河は我々から遠ざかっている」ことです。この宇宙の膨張に関する法則は、「ハッブルの法則」とよばれることが多いです。そして、その遠ざかる速度は、我々からその銀河までの距離に正比例します。その比例定数を「ハッブル定数」とよびます。

この事実、つまり宇宙が膨張していることを知ったとき、アインシュタインは「宇宙定数を導入したことは、人生最大の失敗」として後悔したといわれています。しかし、後述するように、さすが天才アインシュタイン、人生最大の失敗は、最大の成功だったのかもしれません。

なお、科学史に関して少し補足をします。実は、ハッブルが宇宙の膨張を発表する2年前に、ベルギーの宇宙論学者で神父であるジョルジュ・ルメートルが宇宙膨張を論文として発表していました。さらに、その論文のなかで、当時知られていた観測データを用いて、ハッブル定数の値まで求めていました。しかし、ルメートルの成果は広く知られることはありませんでした。

２０１８年8月にオーストリアの首都ウィーンで開催された第30回国際天文学連合の総会にて、「宇宙の膨張に対する法則は、今後『ハッブル－ルメートルの法則』とよぶことを推奨する」という決議が提案され、同年10月に行われた会員投票の結果、その決議が成立しました。ただし、この決議が影響するのは法則の名称だけであり、ハッブルの名前を冠する他の学術用語には波及しません。よって、本書でも以降は「ハッブル－ルメートルの法則」とよびますが、ハッブル定数はそのまま用います。

4-2　宇宙はじめの元素

１９２２年、ロシアの物理学者アレクサンドル・フリードマンは、宇宙論における重要な理論の礎となる方程式を導き出しました。これは、「フリードマン方程式」（図４－１）とよばれ、アインシュタイン方程式を宇宙全体に適用して変形したものです。その方程式の解は「フリードマンモデル」として、現在でも重要な理論模型となっています。

彼の理論模型もまた、宇宙の膨張や収縮を数学的に予言するものですが、残念ながらその予言が確かめられる前の１９２５年に、フリードマンは病気で亡くなってしまいます。彼の死後、ハ

$$\left(\frac{\dot{a}}{a}\right)^2 = \frac{8\pi G}{3}\rho - \frac{Kc^2}{a^2} + \frac{\Lambda c^2}{3}$$

宇宙が膨張する速さ(の２乗)　物質の質量による引力　空間の曲がり　宇宙定数(正なら斥力)

図４－１　フリードマン方程式

ッブル－ルメートルの法則が発見され、この宇宙の膨張は、フリードマン方程式の解析結果と整合していることがわかりました。宇宙が膨張するということは、時間を遡れば、銀河どうしは互いに接近していたはずです。さらに遡れば、宇宙空間の物質の密度は、宇宙のはじめ頃にとても大きかったはずです。

アインシュタイン方程式は、重力、つまり時空の構造を決めるだけなので、宇宙初期の物質の挙動については決定することができません。

原子は原子核の周りの空間を電子が軌道運動するものです。原子を集めるだけですと、せいぜい原子どうしがくっ付いて分子が生成されるだけです。しかし、もっともっと高密度に圧縮すれば、原子の周りを電子が動き回れる空間部分がなくなってしまいます。こうなると、電子と陽子が反応して中性子が生成されます。さらに、原子核どうしが反応して、別の原子核になる場合もあります。こうした原子核における物理現象は、ハッブル－ルメートルの法則が発表された頃には、X線を除いてほとんど知られ

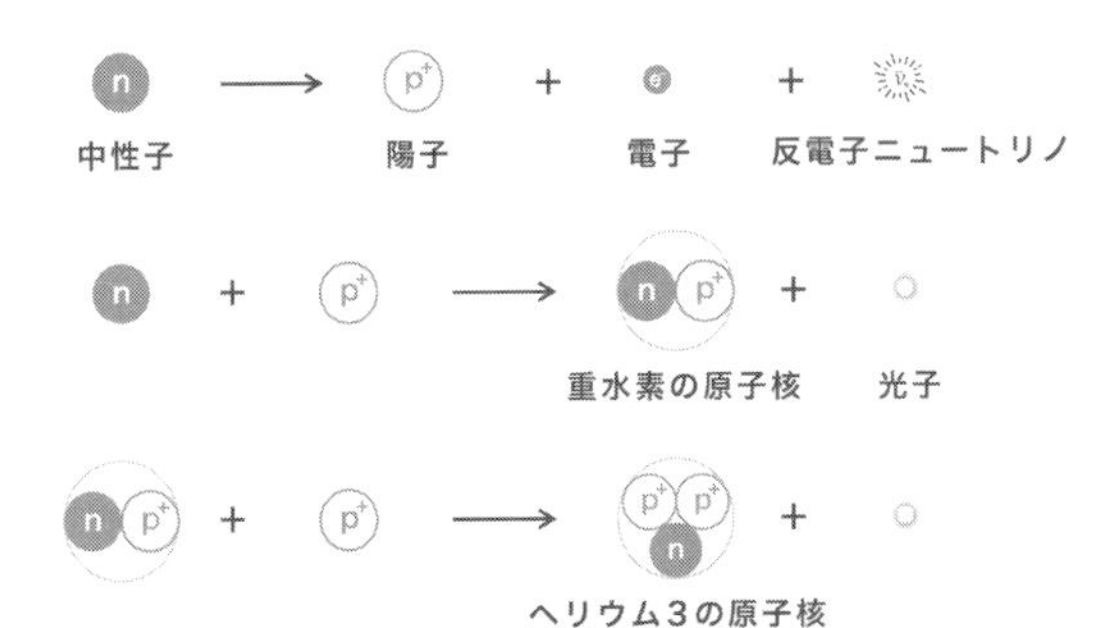

図4－2　宇宙初期に起こった原子核の形成

単独の中性子は陽子と電子に崩壊し、そのときニュートリノが放出される。陽子と中性子から重水素の原子核が作られる。原子核の中では、中性子は安定で崩壊しない。さらに、重水素の原子核に陽子がくっ付くと、ヘリウム3の原子核が形成される。このような反応で、より重い原子核が作られる。

ていませんでした。

20世紀中ごろになると、原子核物理学が発展します。ジョージ・ガモフはラルフ・アルファーとハンス・ベーテとともに、当時の原子核物理学の知見を宇宙初期の高密度現象の理解に適用しました。それが有名な「αβγ（アルファベータガンマ）論文」です。これは三人の著者の名前のギリシア文字での頭文字をとって、αβγ論文とよばれます。ガモフは大変面白い人物で、その頭文字の並びをつくるために、友人で著名な物理学者であるベーテ（頭文字のβに対応）を共著者に引きずりこんだそうです。

さて、この論文において、宇宙の初期には、現在のような多種多様な元素――元素の周期律表を思い出してください――が存在していたのではなく、宇宙膨張によって徐々に元素合成されるという画期的なアイデアを提案しました。

しかし、京都大学の湯川研究室（現・大学院理学研究科物理学第二教室素粒子論研究室）の林忠四郎博士は、$\alpha\beta\gamma$論文の欠点を見出しました。ガモフらは、宇宙の初期物質として「イーレム」という仮想的な物質を科学的な根拠がないまま仮定したのですが、林博士は正確に原子核反応の過程を検討することで、宇宙初期の陽子と中性子の比率を見出すことに成功しました。さらに、その後の多くの研究者らによって、この比率のもとで、宇宙の膨張に伴い、物質の密度・温度が下がり、現在のような元素組成の宇宙が実現することが理解されました。

4-3 ビッグバン理論とよばれて

1948年、ガモフは「かつての宇宙が高温・高密度だった痕跡として、宇宙全体が電磁波放射で満たされてるはずだ」という理論予測を発表しました。そして、「その電磁波放射は絶対温度で5ケルビン（K）の黒体放射である」と予言しました。

ここで見慣れない言葉が出てきたので解説します。まず、「黒体放射」とは、理想的な物質から熱的に放射される電磁波という意味です。たとえば、溶鉱炉でどろどろに溶けた鉄は高温で赤く光っています。これは、物質組成に応じて、特定の波長の電磁波を選択的に放射しているからです。そのような選択的な電磁波放射がないような物体を理想的な物体とよび、そこからの放射を「黒体放射」といいます。

次に、温度表記について説明しておきます。日本での日常生活で用いられる温度の名称は、セルシウス温度です。いわゆる摂氏です。毎年、夏になると「猛暑日」という言葉がニュース記事に登場します。この猛暑日は、その日の最高気温が摂氏35度以上の場合をさします。1気圧下で水の凝固点を摂氏0度と定義し、水の沸点を摂氏100度と定義するものです。この定義から明らかなように、セルシウス温度は我々が日常生活で用いる場合に便利です。

一方、温度の物理的な意味は、構成する物質内部における分子の熱的な運動の強さです。温度が高いほど、分子の熱的な運動が激しくなり、温度が下がれば、その運動がおとなしくなるのです。このことを考慮して、熱力学を用いて温度を定義したものが、「熱力学温度」です。これは、しばしば「絶対温度」とよばれることがあります。

セルシウス温度における1度の変化は、絶対温度でも1度の変化に対応します。それでは、セルシウス温度と絶対温度の違いは何でしょうか。それは、ゼロ点の定義の違いです。セルシウス温度では、水の凝固点で0度を定義しました。一方の絶対温度では、物質の完全なる凍結をもって0度を定義します。大まかに言えば、分子の運動が完全に停止する温度として定義するのです。この絶対温度での0度は、摂氏マイナス273度です。

先ほどのガモフが予言した「絶対温度5ケルビン」とは、セルシウス温度に直すと、「5－273＝－268」ですから、摂氏マイナス268度という極低温です。

この温度は非常に低く、絶対温度5ケルビンの黒体放射のエネルギーのほとんどは、マイクロ波（図3－1）の電磁波として存在します。マイクロ波は電波の一種ですが、波長が1ミリメートルから1メートルのあいだの電磁波のことです。

◆宇宙マイクロ波背景放射

天文学においては、目に見える天体が主要な対象です。日常気がつかないような宇宙全体の電磁波放射は「背景」とよばれます。たとえば、富士山を眺めたとき、周りの風景は背景ですよね。これに似て、ガモフが予言した5ケルビンで宇宙全体を満たす電磁波放射のことを「宇宙マイクロ波背景放射」（Cosmic Microwave Background Radiation、略してCMBR）とよびます。この宇宙マイクロ波背景放射は、その後の観測によって存在が確認されました。ただし、以下で述べるとおり、実際には、5ケルビンではなく、3ケルビンの宇宙マイクロ波背景放射として発見されました。

なお、宇宙マイクロ波背景放射が絶対温度で3ケルビンということは、かつての宇宙が絶対温度で3ケルビンの低温の世界だったという意味ではありません。かつての宇宙の物質の温度が摂

図4‐3　宇宙マイクロ波背景放射
（NASA/WMAP Science Team）

氏数千度だったころに生じた電磁波の波長が、宇宙の膨張とともに、数千倍に引き伸ばされた結果、現在の宇宙では、絶対温度で3ケルビンの黒体放射の波長ごとの強度分布の様子（スペクトルとよびます）と等価になっているという意味です。

　さきほどの黒体放射の説明で、溶鉱炉で溶けた液体状の鉄のたとえを出しましたが、その鉄の温度が違えば、放出される電磁波の強度がいちばん大きくなる波長も異なります。同様に、宇宙マイクロ波背景放射は絶対温度3ケルビンの理想的な物質からの放射と同じスペクトルで見つかりました。ようするに、この宇宙マイクロ波背景放射は、かつて高温だった宇宙の痕跡であり、ビッグバン理論を証明するものなのです。

　しかし、アインシュタインもかつてそうであったように、天文学者の多くには不変な宇宙像の呪縛があったため、このガモフの理論はなかなか受け入れられず、それを揶揄（やゆ）して、英語で「大きなバン（という音）」の意味を込めて、「ビッグバン理論」（Big Bang Theory）とよんだのです。

1964年、宇宙マイクロ波背景放射が観測で発見されました。これにより、皮肉にも、ビッグバン理論のほうが正しいことが証明されたのです。

◆宇宙マイクロ波背景放射、偶然、発見さる！

時間を少し遡ります。前述のように、天文学者の多くはビッグバン理論を信用しませんでした。しかし、物理学者のなかに、その理論の証拠を捜す人たちが現れたのです。その代表格が、ロバート・ディッケです。彼らは、ガモフの予言である絶対温度5ケルビンの宇宙マイクロ波背景放射を検出するための実験装置を開発して、初検出に挑みました。摂氏マイナス268度という極低温の物体から放出される電磁波と同じものですから、微弱なシグナルです。そのため使用する検出器のノイズ除去は困難を極め、残念ながら、彼らの試みは失敗してしまいます。

そんなとき、突然、宇宙マイクロ波背景放射が発見されました。驚くべきことに、発見した人物は、物理学者でも天文学者でもありませんでした。それは、ふたたびベル研究所の技術者たちでした。

1964年、新型アンテナの試験中にアーノ・ペンジアスとロバート・ウィルソンが宇宙から等方にやってくる電波雑音に気づきました。宇宙マイクロ波背景放射のシグナル（信号）のことなど知らない彼らにとって、当初、それはノイズ（雑音）に過ぎませんでした。考え得るすべてのノイズの原因を除去しても、そのノイズが残ります。彼らは最終的に、それが宇宙マイクロ波背景放射の証拠であることを示しました。

この大発見に対して、彼らは1978年にノーベル物理学賞を受賞しました。「ノイズの発見」がノーベル賞に値したのです。そのノイズは、宇宙論にとって貴重なシグナルだったのですから。

4-4 原子核物理学から素粒子物理学へ

ここから、宇宙論の発展に欠かせない、素粒子物理学の進歩について見ていきたいと思います。

ビッグバン理論における物質に対する理論は原子核理論が主要なものです。さらに時間を遡れば、宇宙における物質はビッグバン理論が対象とした原子核などよりも、もっと高エネルギー・高密度なもののはずです。そこで素粒子物理学が登場します。

本書で重要な役割を担う、非常に長波長の重力波に関して、パルサーや電波天文学などとは直

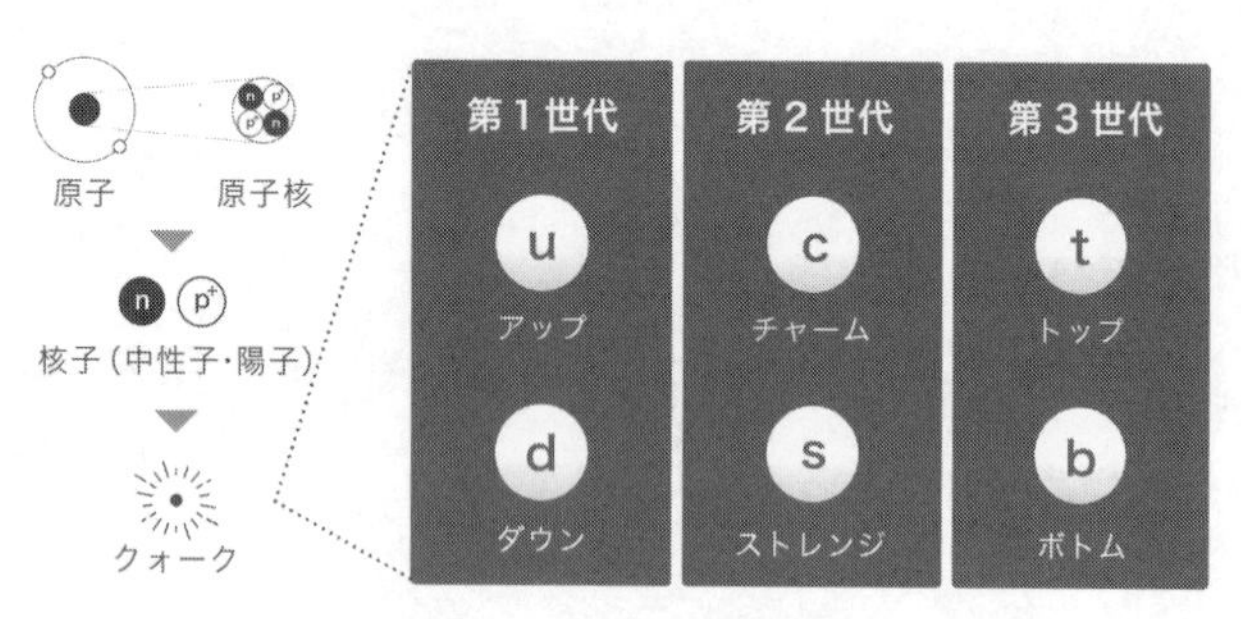

図４－４　クォークと世代

接関係のない別の方面から進展がもたらされました。それは、理論物理学の宇宙論への応用からです。１９７０年代までに、ミクロな素粒子世界の物理学における研究が大きく進みました。

坂田昌一博士（名古屋大学）の門下生であった小林誠博士と益川敏英博士は、京都大学理学部の湯川研究室に助手として次々と採用されました。二人はクォーク３世代の理論を共同で開発し、１９７３年に論文として発表しました。

ここでの１世代とは２種類の異なるクォークのペアのことを意味します。３世代ですから６種類のクォークを導入することによって、その時点までに知られていた素粒子に関する実験結果を説明することに成功したのです（図４－４）。

少し複雑な話かもしれませんので例を挙げて紹介します。１９４７年に中間子のひとつであるK（ケー）中間子とよばれる粒子が宇宙線の中から発見されました。奇妙なことに、その粒子は「CP対称性」を満たしませんでした。「C」とは電荷（Charge）

の符号を反転させる操作で、「P」はパリティ（Parity）を反転させる操作です。パリティを反転させるというのは大雑把にいうと、空間を反転させる（右手系と左手系を入れ替える）操作だと考えてください。

「CP対称性がある」とは、CとPの操作を同時に行っても、同じままだという意味です。通常の古典電磁気学の理論はCP対称性を保ちます。すなわち、Cの操作で電流の向きが反転し、Pの操作で磁場の向きが反転するためです。

しかし、素粒子レベルのミクロな世界では、このCP対称性がわずかながら破れているのです。K中間子におけるCP対称性の破れを、小林・益川理論はうまく説明したのです。

この理論は、その後、素粒子理論における標準模型となり、加速器を用いた高エネルギー実験により、その正しさが確かめられています。実際、小林・益川理論の発表当時、アップ、ダウン、ストレンジの3種類のクォークしか見つかっていませんでしたが、その理論において仮説であった残りの3種類のクォーク（チャーム、ボトム、トップ）が1995年までにすべて実験で見つかりました。そして、小林・益川両博士は、彼らの素粒子標準理論の成果に対して、ノーベル物理学賞を2008年に受賞しました。

このような素粒子理論の研究は、当初、陽子や中性子を構成するクォークのようなミクロな世界を記述する分野にかぎられていました。しかし、素粒子理論を宇宙誕生時の物理現象の解明に用いる流れが、20世紀後半から盛んになってきます。宇宙誕生の頃は、宇宙の平均的なエネルギー密度が現在のものより、はるかに大きいことが予想されるためです。こうした状況を物理的に解き明かすためには、高エネルギーの物理学である素粒子理論が不可欠なのです。

◆宇宙誕生の最初期に起きたことは

小林博士・益川博士らと同じ研究室の助手として採用されたばかりの佐藤勝彦博士は、デンマークのコペンハーゲンにあった北欧理論物理学研究所（2006年にスウェーデンのストックホルムに移転）に長期滞在する機会を得ました。その滞在中に、素粒子理論における相転移の理論を「宇宙の始まり」に適用する研究を行いました。

1980年、佐藤博士は宇宙初期に急激な宇宙膨張が起こるとする理論的結論を得ました。同時期、欧米の研究者らも同様の結果に到達しました。

この急激な宇宙膨張の理論に対して、佐藤博士は「指数関数的膨張モデル」という用語を用いました。ところが、同様の理論研究を行っていた米国の物理学者アラン・グースは、急速に物価が上昇することを「インフレーション」とよぶ経済学用語をもじって、この理論を「インフレーション宇宙モデル」とよびました。その後、この名称が研究者の間で流行し、その言い回しが定着しました。

4-5　ビッグバン以前の宇宙

　このように、1970年代に知られていた素粒子物理学の知見を宇宙の膨張に当てはめたところ、理論的な計算結果として、インフレーションとよばれる急激な宇宙の膨張がわかりました。

　このインフレーション宇宙モデルにおいて、その急激な膨張を引き起こす原因は、これまでに多数提唱されています。4-2節で紹介した「フリードマン方程式」において、通常の物質などでは、膨張につれて、その膨張の源は薄まるのですが（膨張エネルギーの低下）、そうはならないメカニズムがいくつも提唱されています。

　たとえば、1980年代当初は、ある種の素粒子物理学の過冷却現象における潜熱（せんねつ）の解放が、宇宙のインフレーションの原因だと考えられました。

　固体、液体、気体などの物質の状態のことを「相（そう）」といいます。潜熱とは、物質の相が変化する際に、やり取りされる熱エネルギーのことです。盆地で蒸し暑い京都では、夏の暑い日に打ち水をする風習があります。打ち水によって、周囲の温度が少し下がり涼がもたらされます。打ち水では、水（液体）の一部は水蒸気（気体）に変わります。液体である水を気体である水蒸気に変化させるには、その分だけエネルギーが必要です。水を入れたやかんをコンロにかけると、沸

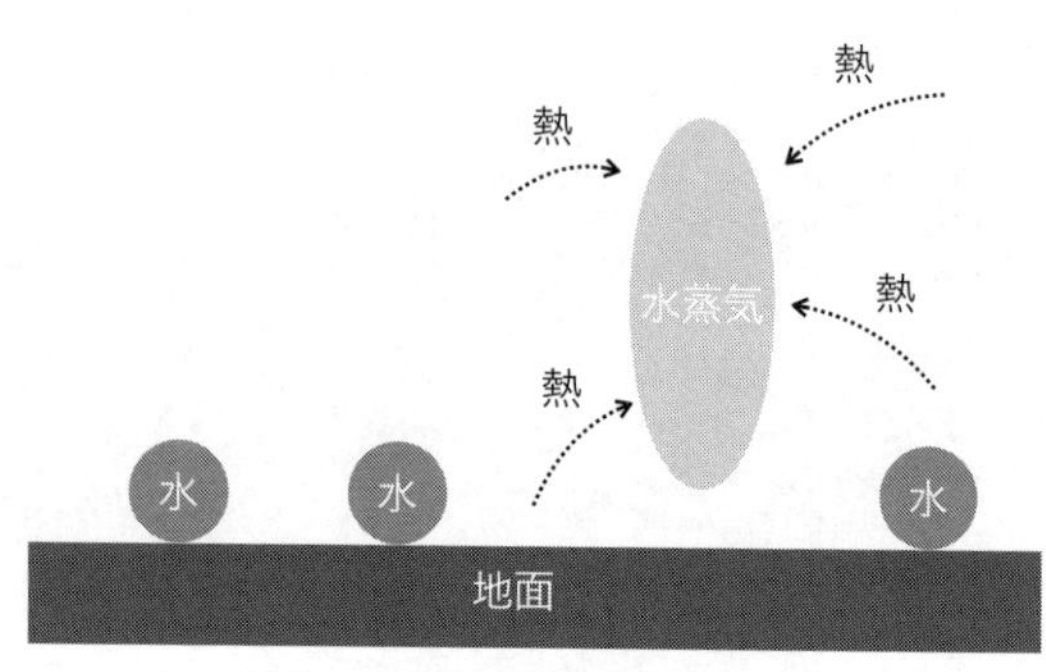

図4－5　相変化と熱エネルギー
水滴が熱を吸収し、蒸発して水蒸気となる。

騰して水蒸気が発生します。このとき、コンロから熱エネルギーを供給していますよね。つまり、撒（ま）いた水（液体）の一部が水蒸気（気体）に変わる際に熱エネルギーが必要となり、そのエネルギーを周りから奪い取っているのです（図4－5）。

熱エネルギーを奪い取る場合は、「吸熱」とよばれます。周囲から熱エネルギーを奪ったため、その周りの空気の温度が少しばかり下がります。水蒸気（気体）を水（液体）に変えるにも、熱エネルギーが必要です。これは先ほどの逆反応なので、熱エネルギーを周りに放出します。よって「発熱」とよびます。

この種の発熱が、宇宙のインフレーションとよばれる急激な膨張の源かもしれません。もちろん、水の発熱ではなく、高エネルギー物理学における何らかの素粒子反応における発熱です。

4－4節で紹介した小林・益川理論は実験で正しさ

図4－6　LiteBIRD（JAXA）

が証明されていますが、その実験よりも高いエネルギースケールでの素粒子理論には、今のところ実験的裏付けがありません。そのため、宇宙のインフレーションが提唱されてから約40年経（た）った現在でも、どの素粒子理論模型における潜熱なのかわからず、インフレーションの理論模型は百花繚乱（ひゃっかりょうらん）の状態が続いています。

　素粒子理論模型の地上実験の将来の結果を長く待つよりも、むしろ、宇宙のインフレーションの証拠を宇宙観測から直接見つけてやろう、つまり、それによってインフレーションの原因となる素粒子理論模型を判定しようと考える科学者が多くなっています。

　たとえば、日本の高エネルギー加速器研究機構（通称ＫＥＫ）などが開発する「ＬｉｔｅＢＩＲＤ（ライトバード）」とよばれる宇宙マイクロ波背景放射偏光観測衛星は、その高精度の偏光観測を用いて、インフレーションの証拠を得る目的で、２０２０年代後半の打ち上げを目指しています（図４－６）。

4-6 ビッグバン理論の問題点

宇宙のインフレーションを説明する理論模型（学説）が特定されていない段階にもかかわらず、研究者たちはなぜインフレーションを信じているのでしょうか。

それは、ビッグバン理論には大きな問題点がいくつか存在し、宇宙のインフレーションがそれを解決する方法を提供してくれるからです。まず、その大きな問題点について順に説明します。

(1) 地平線問題

地球に住んでいる我々にとって、高い建物や高い山に登っても、地球が丸いため、地球の裏側を直接見ることはできません。実は、宇宙が誕生してから有限時間しか経過していないため、我々が宇宙の全体を見ることは不可能なのです。有限時間内では、光は有限の距離しか到達できないからです。この限界を「地平線」とよびます。もちろん、日常生活で用いる地平線とは異なる意味ですが、そこからの転用です。

宇宙の地平線が存在する理由は、光速が物質の速度の上限だからです。地球を例にしてみまし

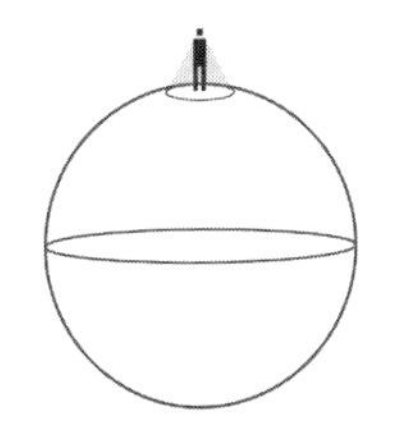

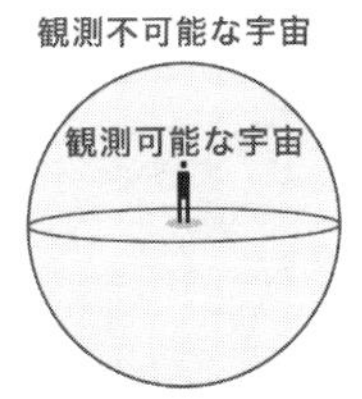

図4－7　地球と宇宙における地平線

ょう。地上の観測者から見て、東の果ての地平線と西の果ての地平線を比べてみます。たとえば、高知市の人にとって、南の果ては太平洋の水平線であり、北の果ては陸地である四国山地です。

宇宙の場合、どの方向の見え方もほとんど同じなのです。現在のところ、宇宙の最遠方から来る情報は、あの宇宙マイクロ波背景放射（図4－3）です。くわしく言うと、この宇宙マイクロ波背景放射は、宇宙ではじめて中性の水素原子が誕生した痕跡です。そのため、ビッグバン宇宙論の証拠です。ビッグバン以前の宇宙はさらに高温だったため、電子は陽子と結合することなく自由に動き回っていました。その自由な電子が陽子と結合して、よく知られた水素原子ができる反応において、電磁波が放出されます。その電磁波が、宇宙の膨張の結果、マイクロ波での背景放射として現在の宇宙を満たしているのです。

マイクロ波背景放射は、非常によい精度で等方的です。ここでの等方的とは、どの方向からの電磁波でも強度が同じだという意味です。いま我々に届くマイクロ波背景放射の強度がどの方向でも同じだということは、その放射が行われた時点（時刻と場所）での電子と陽子の単位体積あたりの個数（数密度）および温度が、宇宙のまったく離れた場所にもかかわらず、偶然にも同じだったことになります。ここで重要な点は、その離れた2点は、当時の宇宙での同一の地平線内に存在しなかったことです。地上でたとえると、日本とブラジルのようなものです。互いを同時に直接見ることはできません。

このように因果的に関係がないはずの宇宙の2つの地点における物質の数密度と温度が同じであることは、通常のビッグバン理論を用いて説明できません。あくまで、マイクロ波背景放射の観測結果に過ぎません。

(2) 平坦性問題

4-2節で紹介した「フリードマン方程式」は、宇宙の膨張や収縮を数学的に予言するものです。これを調べると、宇宙の空間曲率は一定で、それは3通りに限られることが証明されています。ここでは、我々の宇宙はじゅうぶん大きなスケールでは、場所によらず、方向にも依存しないとします。これを「一様・等方の仮定」といいます。

少し難しい言葉が出てきました。まず、「空間曲率が一定である」ことの意味は、空間の曲が

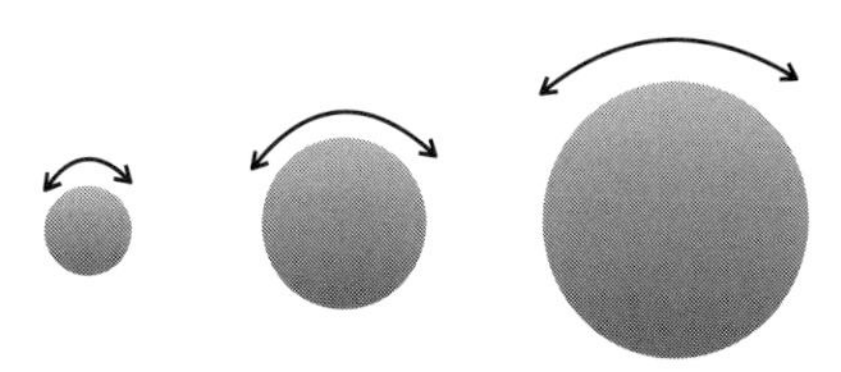

図4－8　膨らむ球面では曲率は小さくなる

り具合が場所によらずに一定だということです。たとえば、球の表面やまっすぐなストローの表面の曲がり具合は、面の上の場所の選び方に依存しません。この場合、曲率が一定です。一方、ラグビーのボールの表面の曲がり具合は一定ではありません。

フリードマン方程式における宇宙の空間曲率は一定ですが、その「一定な値」は宇宙の膨張（あるいは収縮）とともに変化してかまいません。つまり、その値は場所によらない定数ですが、時間の関数であってよいという意味です。

空間曲率がゼロの場合は、空間が曲がっていない場合です。この場合、時空の空間部分は、1章でふれたユークリッド幾何学で記述されます。

空間曲率が正の場合というのは、丸い風船の表面を思い起こしてください。空気を吹き込んで風船を膨らませると、風船表面の曲がり具合が穏やかになります。つまり、曲率は小さくなります。同様に、空間曲率が正の宇宙が膨張すれば、その空間曲率は小さくなります（図4－8）。

空間曲率が負の場合は、我々の身の回りの例えで表現するのが困難です。強いて言えば、BS放送を受信するためのパラボラアンテナの放物面をイメージしてください。この負曲率の宇宙の場合も、宇宙の膨張によって、曲率の値は変化し、徐々に小さくなります。

現在までの天文観測の結果、我々の宇宙の曲率の値は限りなくゼロに近いことが判明していま す。ビッグバン宇宙理論のもとでは、フリードマン方程式を用いることで、曲率の値の変化の方が、物質密度の変化よりも桁違いに大きいことを示せます。ということは、現在のほぼゼロに近い曲率の値を実現するためには、宇宙初期に非常に小さな値を曲率に選ばないといけません。こんなに小さな値を要請することは、理論的に考えると不自然なのです。

(3) 残存物問題

小林・益川理論が記述するよりも高エネルギーでミクロな世界を記述する物理理論の模型として、大統一理論などがあります。大統一理論については、次節でくわしく見ていくことにしますが、これらの理論は、磁気モノポール（磁気単極子）、グラビティーノ（重力微子）などの存在を予言します。我々が知っている磁石は、N極とS極からなり、2つの極をもちます。これを磁気ダイポール（磁気双極子）といいます。モノポールは極が1つしかないもののことです。また、グラビティーノは重力を与えるとされている素粒子「グラビトン」とペアとなる素粒子で

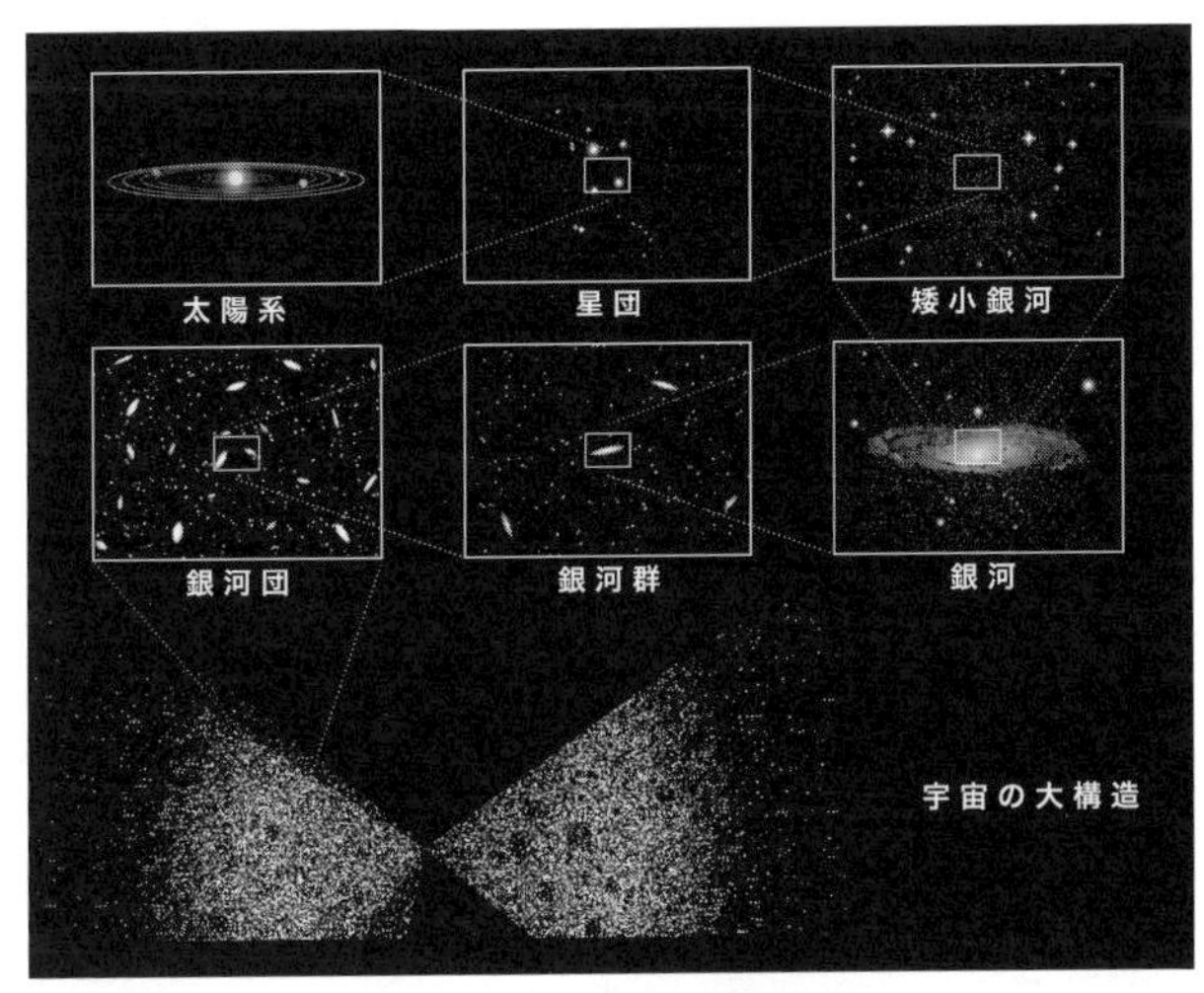

図4－9　宇宙の階層構造

す。

宇宙初期にこれらの粒子が生成され、それらが大量に残存すれば、ビッグバン宇宙の時期における元素合成などに影響してしまい、現在の宇宙で観測される水素、ヘリウム、リチウムなどの元素の存在比率をビッグバン理論が再現できなくなってしまいます。さらに、磁気モノポールもグラビティーノも未発見です。仮に存在しても、これらは宇宙における個数が少なくなければなりません。

(4) 初期揺らぎの起源問題

現在観測される宇宙には、恒星、銀河、銀河団などの天体が多様な階層構造をなして分布しています。

これらの天体の形成、そして分布の原因

は、時間を遡れば、宇宙初期での物質の密度が完全に一定ではなく、空間的に揺らいでいたからです。しかし、ビッグバン宇宙模型は、この宇宙初期での密度の揺らぎを説明しません。

4-7 大統一理論に向かう

それでは、これらのビッグバン理論の問題点が、宇宙のインフレーション（急激な膨張）によってどう解決されるのかを見ていきましょう。

1980年頃、物理学では「大統一理論」が盛んに研究されていました。まず、大統一理論について簡単に説明します。自然界に存在する基本的な力は4種類あることが知られています。重力、電磁気力、強い力、弱い力です。専門書では、相互作用という物理用語が用いられます。1章で説明したように、ニュートンが万有引力という力としての重力を発見しましたが、現在では、一般相対性理論の立場で、重力は時空の幾何構造として理解されます。ただし、相互作用はやや抽象的な概念のため、本書では簡単のため、力とよんでおきます。

これら基本的な4つの力のうち、弱い力は、主に中性子が関与する原子核反応に現れます。これは3章で見た、中性子星が形成されるときの反応で、電子と陽子が反応して中性子とニュートリノが生じる反応です。一方、電磁気力は、もっとも身近な力で、現代の我々の生活のなかでも欠かせません。

この弱い力と電磁気力はもともと別々の力だったのですが、それらを統一する力として、電弱力（正確には、電弱相互作用）の形に記述することができました。これに成功したシェルドン・グラショウ、スティーブン・ワインバーグ、アブドゥス・サラムの3名は1979年、ノーベル物理学賞を受賞しています。

ちなみに、力の統一は、これが人類初ではありません。電荷が引きつけ合う（もしくは、反発し合う）力は電気的な力であり、それは電荷の流れである電流と関係します。

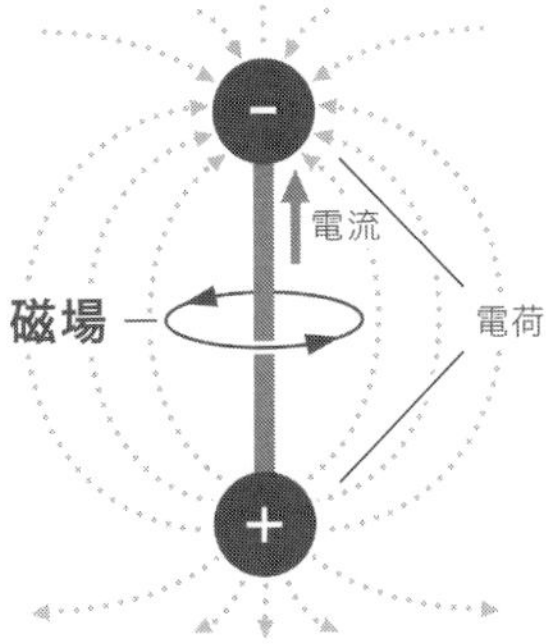

図4－10　電磁場の概念図

一方、磁石が金属をくっつけることや、方位磁針が北を指す現象は、磁気的な力のせいです。大昔は、それらの力は別々のものだと考えられていましたが、19世紀、電磁気力という形にまとめられました。ここで、まとめると書いたのは、たんなる和（たし合わせ）ではありません。電気的な物理と磁気的な物理が互いに関係し合う形で数式を用いて表現することができた、という意味です。その代表例が、電磁気学におけるマクスウェル方程式です。この方程式が、電荷・電流・電場・磁場のあいだの関係を決定します。

◆電弱力とゲージ自由度

こうした電場・磁場を表現するには、対応する物理量を指し示す目盛りを導入することが便利です。

例を挙げて考えてみましょう。鉛筆の長さを定規を用いて測るやり方は複数存在します。鉛筆の芯の先端を定規のゼロの目盛りに合わせる人がいれば、鉛筆の末端のほうをゼロに合わせる人もいるかもしれません。しかし、どちらの方法でも、15センチメートルの鉛筆の長さは同じ値になります。さらに、上記の2種類の測り方だけではありません。あまのじゃくかもしれませんが、定規の10センチメートルの目盛りを鉛筆の先端に合わせて測っても、同じ15センチメートルの長さは得られます。このように目盛りの値そのものには絶対的な意味がありません。

これと似た状況が、電磁気力にも当てはまります。電場・磁場を記述する数式において、ある種の目盛り（＝ゲージ）の選び方の自由さがあるのです。物理学者は、これを「ゲージ自由度」とよびます。

弱い力を記述する数式においても、このゲージ自由度があります。グラショウたちは、目盛りの選び方の自由さをうまく調整することで、電弱力という形で、電磁気力と弱い力の統一に成功したのです。

◆強い力と大統一理論

強い力は、原子核反応で現れます。おもに水素の核融合で燃えているのが太陽です。物理学者たちは、この強い力も電弱力と統一できそうだと考えました。実際、精力的にその統一理論が模索されました。電弱力をさらに強い力と統一するこの理論には「大統一理論」という名称が与えられました。

期待される大統一理論は、強い力と電弱力を10^{15}ギガ電子ボルトという途方もない高エネルギーの世界で統一を目指すものです。ギガは10^{9}を表す単位です。まだこの高エネルギー現象を確認する実験は知られていません。

いちばんシンプルな形の大統一理論は、安定だと思われている陽子には寿命があって、崩壊することを予言しました。しかし、小柴博士らのカミオカンデ実験によって、予言された陽子崩壊は検出されず、その初期型の大統一理論は棄却されたのです。その後も改良型の大統一理論はいくつか提案されていますが、未だに実験的にその正しさが確かめられていません。

◆大統一理論と宇宙

1970年代に大統一理論のたたき台となるような理論模型が提唱された直後、この理論模型を宇宙初期に適用したのが、佐藤博士やグースたちです。

佐藤博士らはこう考えました。宇宙が膨張すれば、大統一理論に関与する何かの場の強さが変化します。場の強さ、ようするに場の状態が変化するさいには、潜熱が発生します。また、場がもつエネルギーが最小値の場合を物理学者は「真空」（空気分子が存在しないことからの比喩）とよびます。

この理論では、潜熱のために、場がもつ最小のエネルギーである「真空のエネルギー」がゼロではないのです。通常の物質の場合、空間が膨張すればその空間のエネルギーは直ちに薄まりますが、この真空に対応する場は薄まらないのです。

さらに、この結果を宇宙の膨張を決めるフリードマン方程式に当てはめると、宇宙の急激な膨張が持続することが示されたのです。その膨張の振る舞いは指数関数を用いて表現できたので、佐藤博士は「指数関数的膨張モデル」と名付けたのです。

4-8 インフレーション宇宙論の利点と課題

それでは、宇宙のインフレーションが、4-6節で紹介したビッグバン理論の4つの問題点を解決することをここで見ていくことにしましょう。

(1) 地平線問題

なぜ、ビッグバン理論では宇宙の初期に互いに離れた場所（同一の地平線になかったもの）が、現在の宇宙では均一に存在するのかという問いです。

この問題は、ビッグバンの起こる前に、インフレーションがあったことを仮定すれば解決できます。まず、宇宙のインフレーションが起こる時点での宇宙の地平線内にいた観測者2名を考えてみましょう。もちろん、人類誕生以前ですから、ここでの観測者は比喩です。

二人は同じ地平線内にいますから、観測者どうしは互いに因果関係を持ちます。因果関係を持つというのは、共通の情報を持ち得るという意味で、観測者2名は互いに知り合いとしてよいでしょう。しかし、宇宙の急激な膨張のため、二人の間の距離はものすごい勢いで大きくなります。この二人の間の距離は、その時点での宇宙の地平線の大きさを超えてしまいます。

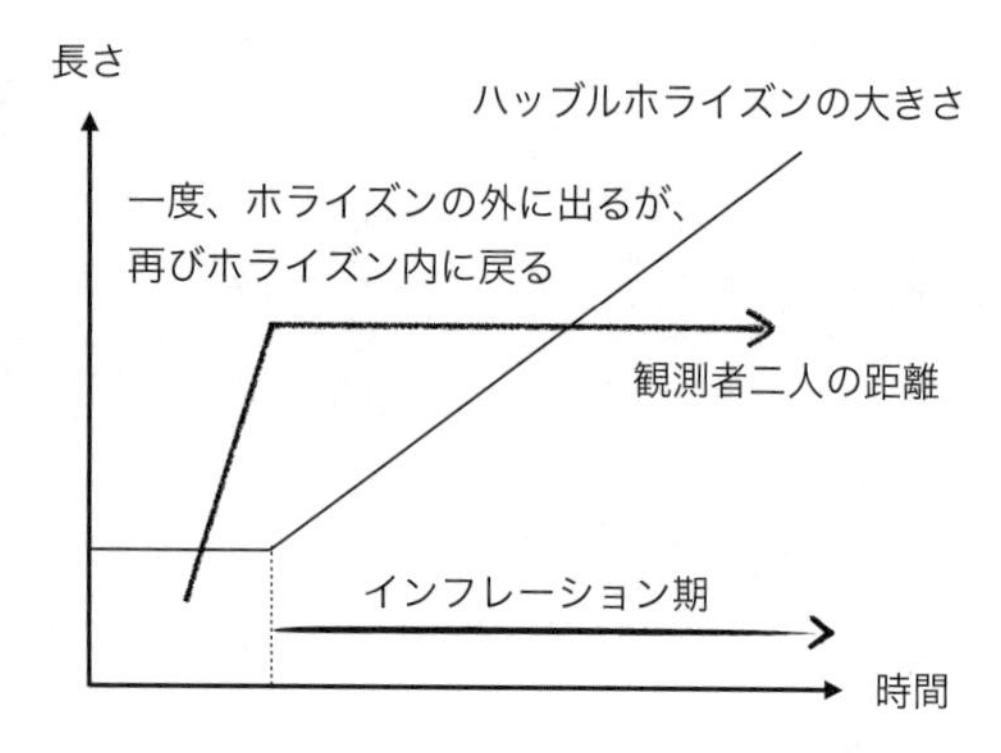

図4－11　インフレーションの後に再会する二人の観測者

インフレーション（宇宙の急激な膨張）が終わってしまえば、引き伸ばされた二人の間の距離は一定のままですが、宇宙はゆっくりと膨張を続けます。そうすると、地平線は徐々に大きくなり、ついに、観測者2名が同一の地平線のなかに入ってきます。突然、別々の方向から地平線内に入ったにもかかわらず、彼らは知り合いです。なぜなら、インフレーションが起こる前に、共通の地平線内に住んでいたからです。

つまり、別々の方向の地平線が同じ景色なのは、偶然の一致ではなく、はるか昔、インフレーションが起こる時点で同じ景色だったものが、いま、再び同一の地平線内に「戻ってきた」という証拠だと考えることが、インフレーション理論の立場です（図4－11）。

ざっくりとしたたとえ話ですが、スペインとポルトガルが世界を席巻した大航海時代を想像してみてください。あるスペイン人の船乗りと隣国ポルトガルの船員がいたとします。そのスペイン人が乗り込んだ船は、アフリカ南端周りでアジアに向かいます。一方のポルトガル人は別の船に乗って、大西洋を渡りアメリカ大陸を経由してアジアにたどりつきました。そして、そのスペイン人船員とポルトガル人船員が東アジアの某所で再会したような状況です。

スペインとポルトガルは隣国で、その二人は知り合いでした。つまり、当初、同一の地平線の内に両名ともいました。しかし、お互いの冒険旅行の途中、互いに地球の裏側にいたため、どんなに性能のよい望遠鏡を用いてもお互いを見ることはできません（図4－12）。つまり、その時点では互いの地平線の外側にいたのです。しかし、アジア某所で再会した時に、彼らは初対面でなく、知り合いだったのです。このたとえ話では、急激な膨張の代わりとして、地球の丸さを利用しました。共通の地平線内のいた二人を再会（共通の地平線内）させるため、宇宙のインフレーション理論では、その急激な宇宙膨張を用います。こうして、地平線問題が解決されます。

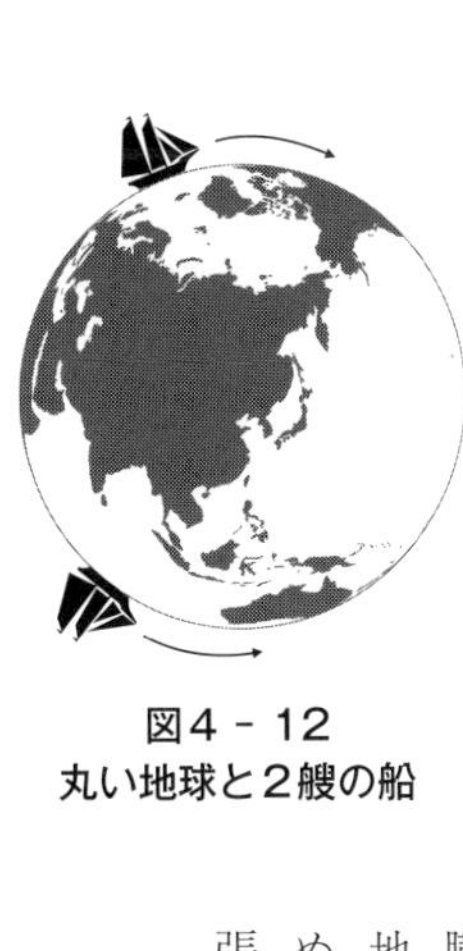
図4－12
丸い地球と２艘の船

(2) 平坦性問題

これは、宇宙の曲率がなぜ小さな値なのかという問題です。この問題の解決につながるヒントは、フリードマン方程式から得られます。それは、一様等方な宇宙における空間曲率は3種類しかないことです。

まず、空間曲率がゼロの場合ですが、曲率ゼロ、つまりユークリッド幾何学が成り立ちますから、宇宙の観測結果が空間の平坦を示唆することは当然です。

平坦性問題で困る状況は、残り2つの場合です。空間曲率が正もしくは負の場合です。

宇宙初期に大きな空間曲率があったとしても、宇宙が急激に膨張すれば、その曲がり具合は小さくなってゼロに近づきます。たとえて言えば、およそ半径5センチメートルの球形だった小さな風船に、急激に空気を吹き込んで半径50センチメートルまで大きくしたらどうなるでしょうか。平坦性問題は、このように考えることで解決できます。もちろん、実際の風船でインフレーションさせようとすると、風船が割れてしまいます。

(3) 残存物問題

ビッグバン理論では説明のできない、残存物の処理問題も、宇宙の急激な膨張で解決できます。ビッグバン以前の宇宙の初期に、磁気モノポール、グラビティーノなどが生成されても、宇宙の急激な膨張で薄めてしまえばいいのです(図4-13)。

宇宙のインフレーションはビッグバン以前に起こるので、インフレーションが終わった後で起

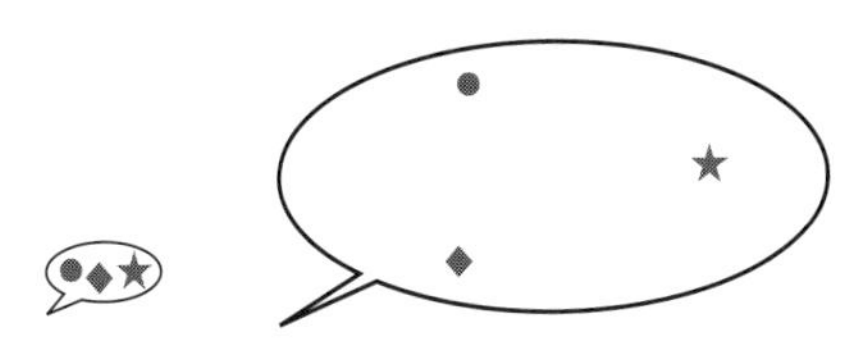

図4－13　膨張により薄まる物質

きたビッグバンで作られた元素が、インフレーションによって薄められてしまうことはありません。もっとも、磁気モノポールなどの生成はビッグバンより以前のもっと宇宙が高エネルギーだった時代の話なので、ビッグバンの責任や問題とはいえないかもしれません。

ちなみに、この残存物問題の唯一の解決策が宇宙のインフレーションだということにはなりません。すでに述べたとおり、実験的に確立した素粒子理論は小林・益川理論までです。もっと高エネルギーでの素粒子理論は、磁気モノポール、グラビティーノなどを予言しますが、これらの生成を抑制するような物理機構が存在するのかもしれません。そうすれば、宇宙のインフレーションで薄める工夫は必要ありません。

(4) 初期揺らぎの起源問題

現在の宇宙の構造から、時間を遡れば、宇宙初期での物質の密度が完全に一定ではなく、空間的に揺らいでいたと考えられます。

これまで見てきた（1）から（3）の問題は、宇宙における大きな領域での性質に関わることでした。これは、ビッグバン宇宙に直接関わります。一方、この（4）の揺らぎの問題は小さな領域における問題です。これは、恒星、銀河など、宇宙における多様な構造の種、つまり初期条件をどうやって作るかという問題です。

標準的なビッグバン宇宙論は、宇宙のはじめが高温高密度だったというだけで、構造の初期条件については何も言っていません。

初期の宇宙は、今の姿と比べるとミクロなはずです。そうした非常にミクロな宇宙における物理状態は、量子論に従うはずです。実際、ミクロな世界の原子核やクォークは量子論に従っています。

よって、初期宇宙における何らかの物理量が、何らかの場（古典電磁気学でたとえると、電場や磁場など）の量子論の法則に従っていると考えるのが自然です。すると、その場が宇宙のインフレーション時期にどう振る舞うかは、量子論的な計算で求まります。この計算で得られる場の揺らぎを「量子揺らぎ」とよびます。このインフレーション時期における場の揺らぎは、直接、現在の宇宙の物質の揺らぎそのものではありませんが、原理的には、インフレーション期での揺らぎから、現在の宇宙での物質の密度の揺らぎが計算可能となります。

したがって、「ビッグバン宇宙模型において、現在の宇宙における物質の密度揺らぎを計算することができない」という問題が、インフレーション宇宙モデルでは原理的に物質の密度揺らぎが計算可能になったため解決されたといえます。もちろん、ある問題の解決法が見つかったからといって、それが正解だとは限りません。複数の正解が存在する可能性があるからです。

4-9 原始背景重力波＝引き伸ばされる時空の歪み

◆インフレーションの終わりは？

インフレーション宇宙モデルは、ビッグバン宇宙論における問題点を解決する魅力的な方法を提供してくれます。しかし、インフレーション宇宙モデルにも問題はあります。

基本的に急激な加速をするよう「アクセル」を踏み込むのがインフレーション宇宙モデルの役割です。車の運転と同じで、アクセルを踏みっぱなしでは、加速し続けてしまい、目的地を通り過ぎてしまいます。

インフレーション宇宙モデルが、永久に加速を続けてしまうと、何もかもが薄められてしまい、物質のない空っぽの宇宙になってしまいます。このことは、我々の宇宙に多様な天体があり、そして、人類が存在することに矛盾してしまいます。

したがって、ビッグバン宇宙論の問題点を解消する程度に急激な加速膨張をしたのち、「ブレーキ」を踏む操作が必要になります。このブレーキのかけ具合の調整が必要で、ブレーキのタイミングが遅すぎると、ほとんど空っぽの宇宙を作ってしまい、一方、タイミングが早すぎる場合、ビッグバンの問題が解消できずに残ってしまい不完全です。

◆インフレーションを検証する

高エネルギーの物理学実験が進展し、大統一理論のエネルギーでの現象が実験的に確かめられて、次にその現象を説明できる素粒子理論が確立すれば、その確立した理論を「ザ（the）・素粒子理論」として宇宙に適用することができます。そこから導き出された結論から、唯一のインフレーション理論が作れるはずです。もちろん、現在の人類の知識では、そんな実験は夢物語です。

しかし、提唱される宇宙のインフレーション理論が複数あればどうでしょうか。それらの理論計算を進め、その計算結果を宇宙の観測と比較することで検証して、理論の背景にある素粒子理論を実証することができるはずです。人類は、いままさにその段階に到達しています。

前述のように、ビッグバン理論では、宇宙マイクロ波背景放射がその存在の痕跡となりました。では、インフレーションにはどのような痕跡があるのでしょうか？

それは、宇宙のインフレーションの時期に生成した「揺らぎ」を確かめればいいのです。ここ

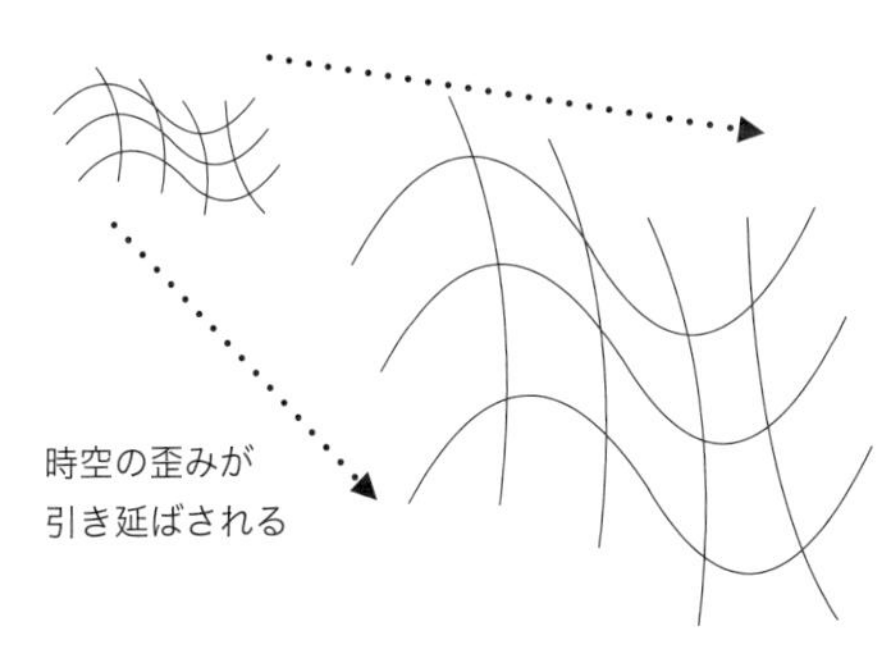

図4－14　原始背景重力波
引き延ばされる時空の歪み

で大きな問題がひとつあります。インフレーション期の宇宙における場は、超高エネルギーの世界なので、原子や原子核などの通常の物質ではありません。そんなインフレーション期の場の揺らぎが、現在の物質にどう対応するのかは簡単な問題ではありません。また、これには諸説あります。

ここで役に立つのが、2章で見てきた重力波なのです。重力波は時空の曲がりの変動で、それ自身は物質でないため、途中で別のものに変換されてしまう（つまり、途中で目減りする）ことがありません。この宇宙には、大昔の宇宙における時空の曲がりの情報が残存しているはずです。この宇宙初期の重力波が、「原始背景重力波」とよばれます（図4－14）。

◆原始背景重力波の大きさは？

ここで少し考えてみましょう。インフレーション期に生成される原始背景重力波の理論計算の方法は、4-8節の「(4) 初期揺らぎの起源問題」で紹介した方法と基本的に同じです。ただし、ここでは時空に存在する物質的な場の揺らぎを計算したものが、物質の初期揺らぎの起源です。一方、当時の時空の一様等方宇宙からのずれを場の揺らぎとして量子論の法則に従って計算したものが、原始背景重力波です。

ここで、読者から質問が出るかもしれません。「原始背景重力波の計算では、時空の揺らぎを量子論を使って計算するが、それには『量子重力理論』が必要なはずで、肝心な量子重力理論は完成していないではないですか」と。

たしかにそのとおりです。時空という場そのものを量子論で記述する理論は、量子重力理論とよばれ、まだその理論は見つかっていません。

しかし、量子重力理論が必要とするエネルギーは10^{19}ギガ電子ボルトのプランク・エネルギーだと考えられています。一方、当初のインフレーションモデルは、それより1000倍くらいエネルギーが低い大統一理論を念頭においていました。(プランク・エネルギーに比べて)ずっと低エネルギーの現象なので、量子重力理論を用いなくとも、近似的な計算で正しい予言を引き出せると多くの物理学者は考えています。

いずれにせよ、原始背景重力波こそが、インフレーション期の宇宙を見る窓なのです。

原始背景重力波という、宇宙の誕生を知るための重力波は、人類が観測するには難しい超長波長の重力波となります。これまで、この宇宙を見る窓は閉ざされていました。しかし、いよいよ人類はその窓の開け方を考える時期に入ったのです。それが、パルサータイミング法です。

　このパルサータイミング法について詳しく見ていく前に、パルサータイミング法によって解明が期待される、もう一つの大きな宇宙の謎について次章で紹介したいと思います。

5章
巨大ブラックホールの謎
宇宙の歴史を探る

私たちの住んでいる太陽系は天の川銀河にあります。では、質問です。天の川銀河の中心は何色でしょうか？

正解は、真っ黒です。これはイベント・ホライズン・テレスコープ（ＥＨＴ）というブラックホールを撮像する実験によって得られた画像などでご存じの方も多いと思います。この天の川銀河の中心にあるブラックホールは「いて座Ａスター」とよばれ、太陽の４００万倍の質量をもつ超巨大ブラックホールです（図５－１）。この撮像に関する詳細は『巨大ブラックホールの謎』（本間希樹著、講談社ブルーバックス）をご覧ください。

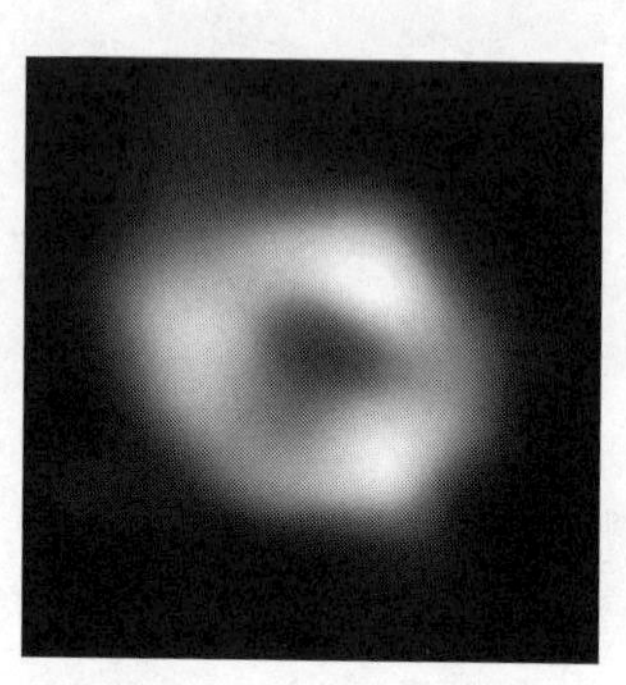

図５－１　ETHで撮影された「いて座Aスター」
(2022, EHT Collaboration)

この章では、ブラックホールとはなにか、その基礎から、なぜそのような超巨大ブラックホールが誕生したのかを見ていくことで宇宙の成り立ちについて考えてみたいと思います。

5-1 凍りついた星

毎年夏になると猛暑のニュースが話題となります。でも、この宇宙には「凍りついた星」とよばれる星が存在します。みなさんは凍りついた星と聞いて、どのような星を思い浮かべるでしょうか。氷に閉ざされた星を想像したかもしれません。

ここで紹介する星は、氷の星「icy star」ではなく、凍りついた星「frozen star」です。氷の星（icy star）は恒星から遠く離れているため、届く光がわずかで温度が低すぎる惑星のことです。水分子がその惑星に存在しても、低温のため固体の氷の状態でしか存在できない惑星のことです。しかし、凍りついた星には固体の氷は存在しません。それでは、何が凍りついているのでしょうか。じつは、この呼び名は、大昔にはブラックホールを指していました。

◆光で見えない天体

18世紀、フランスの数学者ピエール・シモン・ラプラスとイギリスの天文学者ジョン・ミッチェルは、仮想的な星を考え、その星の表面でボールを真上に投げ上げる状況を考察しました。そのボールを投げ上げるときの速さ（初速度とよびます）が小さければ、ボールは元に戻ってきます。しかし、どんどん初速度を大きくすれば、ボールが真上に到達する地点までの高さが大きくなっていきます。ついに、初速度がある値に到達したとき、ボールは無限遠方まで飛んでいってしまいます。つまり、投げ上げたボールが戻ってこなくなります。このときの初速度を「脱出速度」とよびます（図5－2）。

星の質量が大きくなれば、星がボールに及ぼす万有引力は大きくなるので、脱出させるために必要な初速度も大きくなります。つまり、脱出速度は星の質量とともに増加します。一方、星の半径は星の表面の重力と関係します。同じ質量の星ならば、星の半径がより小さい方が、星の中心から表面までの距離が短くなるため、その表面での万有引力はより強くなります。

脱出速度

$$v_{escape} = \sqrt{\frac{2GM}{r}}$$

$G =$ 万有引力定数
$M =$ 天体の質量
$r =$ 天体の半径

図5－2　脱出速度

ミッチェルは、「仮に太陽と同じ（平均）質量密度で半径が太陽の500倍の星が存在すれば、その星の表面での脱出速度が光の速さになり、光が脱出できない星となるため、その星を観測しても見ることができない」ことを指摘しました（ロンドン王立協会発行の雑誌『哲学紀要』にミッチェルが発表した論文からの抄訳）。

一方のラプラスは、ある質量の星を考えて、その表面での脱出速度が光の速さになる場合の星の半径を計算しました。彼はミッチェルと同じ現象に気づきますが、ミッチェルが仮定した天体とは異なりました。「仮に太陽の約250倍の半径で地球の（平均）質量密度と同じ天体が存在すれば、その表面からは光が脱出できないため、暗い天体になるだろう」とラプラスは推測を述べました（ラプラスの著書『宇宙体系の解説』からの抄訳）。

ミッチェルとラプラスの計算における数値が異なる理由は、ミッチェルが太陽の平均質量密度を基準に選び、ラプラスは地球の平均質量密度を用いたことによります。現代の天文学的な言い方をすれば、ミッチェルは恒星タイプの暗い天体、ラプラスは岩石惑星タイプの暗い天体を想定したという違いです。しかし、両者ともがニュートンの万有引力のもとで、光が脱出できない天体、つまり「光で観測できない天体」（Dark Object）の推論にたどり着いたことは大変興味深いです。

5-2 アインシュタイン方程式のある厳密解

18世紀の科学者たちが推測した「光で観測できない天体」は正しかったのでしょうか。答えは、半分正しく、半分は正しくありませんでした。

図5－3
カール・シュバルツシルト

まず、18世紀には一般相対性理論は登場していません。やむを得ないことですが、ミッチェルとラプラスはニュートンの万有引力の法則を用いて、暗い天体に関する推論を行いました。現代的な視点では、重力の計算には一般相対性理論を用いるべきです。この点で彼らの計算過程は正しくありませんでした。しかし、とても興味深いことに、彼らの推論の結果は正しかったのです。光が脱出できない天体の結果は正しかったのです。光が脱出できない天体

という定性的な性質のみならず、その脱出できる限界を与える天体の半径を表す数式までが、実は正解だったことが後世に判明します。

それでは、一般相対性理論を用いた「光で観測できない天体」に関する研究を振り返りましょう。1873年、天文学者カール・シュバルツシルトは、ドイツのフランクフルトに生まれました。彼は神童とよばれ、天体力学に関する論文2編をわずか16歳のときに発表するほどでした。20代後半にして、名門ゲッチンゲン大学天文台の教授をつとめ、のちにゲッチンゲン大学の天文台長にも選出されました。当時のゲッチンゲン大学では、ヒルベルトやヘルマン・ミンコフスキーなどの世界一流の大数学者たちが活躍しており、彼らと交流をもつ機会に恵まれました。

　1915年、アインシュタインが一般相対性理論を発表した当時、ドイツは第一次世界大戦の真っ只中です。すでに40歳を過ぎていたにもかかわらず、シュバルツシルトは志願兵として戦争に参加してしまいます。ロシア戦線に滞在中、彼はアインシュタイン方程式を厳密に解くことに成功し、それを論文として発表しました。しかし、従軍中にかかった病気のため、その論文の驚くべき成果（彼自身さえ認識していなかったであろう結論）とその成果が天文学に及ぼした強烈なインパクトを見ることなく、その論文発表と同じ1916年、論文発表の4ヵ月後に42歳の若さで亡くなってしまいます。

　彼の発見した解は「シュバルツシルト解」の名前でよばれ、その解において特殊なサイズを与える半径は「シュバルツシルト半径」とよばれます。これは、ある質量の星から光が脱出できなくなる大きさを表し、ブラックホールの大きさの目安を与える便利な量です。このように、現在の天文学では頻繁にシュバルツシルトの名前が登場するのですが、驚くことに、彼の発見した厳密解は当時の天文学者からは完全に無視されてしまいました。

　ロシア戦線に滞在中、厳密解を発見したシュバルツシルトは、アインシュタインにその発見を知らせる手紙を送りました。アインシュタイン自身が、彼のアインシュタイン方程式を何の近似も用いずに厳密に解くことは不可能だろうと思っていたので、シュバルツシルトの発見を称賛しました。

しかし、シュバルツシルト解には密度が非常に高い領域が含まれるため、現実的な物質では起こらない、つまり、シュバルツシルト解が表現するものは、実際の天体として宇宙に存在するはずがないとアインシュタインは考えてしまいました。こうして、一般相対性理論の生みの親でさえ非現実的だと考えたシュバルツシルト解を、当時の天文学者が顧みることはありませんでした。

◆光で見えない天体の正しい理解

オランダの有名な理論物理学者ヘンドリック・ローレンツの研究室で学生だったヨハネス・ドロステが、シュバルツシルト解を正しく理解するための手がかりを得ました。シュバルツシルトはアインシュタイン方程式を解くという純粋に数学的な目的のため、物理的な解釈が難しい座標系を導入して計算しました。シュバルツシルトの座標系は、あくまで数学的なツールとしてです。そのため計算結果を物理的に解釈することを困難にしていました。

そこで、ドロステは物体の中心を原点とする座標系を導入したのです。実際、シュバルツシルトやドロステが考察した状況は、球対称な重力場です。球対称とは、その中心から見てどの方向も対等だという意味です。球対称な場合、重力場の強さは中心からの距離のみに依存して、中心から見た方向に依存しません。さらに彼らは、重力場が時間的に変化しないことも仮定しました。つまり、まん丸の物体が静止しているときのその周りの重力場を、アインシュタイン方程式を厳密に解くことで求めたのです。この状況では、求めたい重力場は、中心からの距離からのみに依存した関数として表現できます。こうして、複雑な形をしたアインシュタイン方程式は、距離という変数1個だけの微分方程式（数学者は「常微分方程式」とよびます）に帰着されました。

ドロステが用いた座標系によって、シュバルツシルトが見つけた解が、オリジナルの複雑な形から簡単な形に書き直すことができました。この形が、現在の一般相対性理論の教科書でも採用されています。ドロステはこのような優れた研究を行ったのち、オランダのライデン大学数学科教授に採用されました。そのため、以降は数学の研究に移り、一般相対性理論の研究に戻ることはありませんでした。

さて、シュバルツシルト解をドロステの表示形にすると、二つ奇妙なことがその解で生じることが判明しました。一つは、「ある距離」のところで解の値が無限大になってしまうことです。「ある距離」は、のちにシュバルツシルト半径とよばれます。もう一つの奇妙さは「中心」で解の値が無限大になることです。

物理量が無限大になることは受け入れ難いことです。この問題を当時の科学者はどのように考えたのでしょうか。

5-3 結局、何が凍りつくのか

前述のように、シュバルツシルト解をドロステの表示形にした場合、シュバルツシルト半径のところで無限大が発生します。当初、この無限大は、シュバルツシルト解の妥当性を損なうものだと考える人たちもいました。しかし、その後の解析によって、その無限大は時計の進み方が無限大になることを意味することが判明しました。

シュバルツシルト解が表す天体を考えましょう。

ボールがあるとします。このボールをシュバルツシルト半径の外側から、シュバルツシルト半径の地点まで落としたとします。このときボールはその天体の引力で落下します。手を離れたボールがシュバルツシルト半径に落下するまで、3秒かかったとします（図5-4）。

ところが、我々はこのボールがシュバルツシルト半径の地点に届く瞬間を見ることができないのです。ここで、この「我々」が何を指すのかには注意深い考察が必要です。シュバルツシルト半径より外側に存在する観測者が、ここでの「我々」の意味です。

では、落下するボールに小さな虫（たとえばアリ）がとまっているとしましょう。その小さな虫は、そのボールがシュバルツシルト半径に到達した瞬間を目撃できるはずです。宇宙空間に虫がいるというのは、たとえ話（思考実験）です。

我々にとって、落下するボールがシュバルツシルト半径に到達することが観測できないにもかかわらず、その「小さな虫」はボールがシュバルツシルト半径に到達するまで観察できる、というのは矛盾しているように感じます。

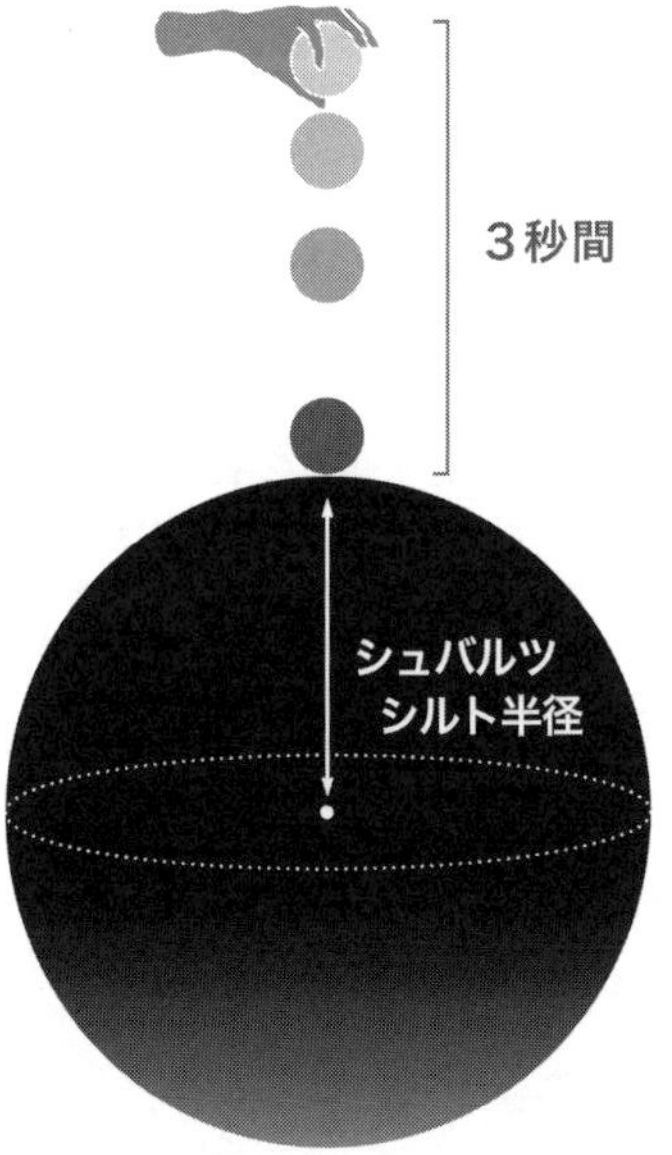

3秒間

シュバルツシルト半径

図5－4
シュバルツシルト解の表す天体

しかし、矛盾しないのです。1－3節で紹介した、ブラックホールの傍と遠方で宇宙遊泳する2人の宇宙飛行士の例を思い出してください。ここの例では、アリと観測者（我々）です。両者の観察結果が食い違う理由は、ここでの我々が用いる時計の進み方（時間の目盛り）と小さな虫が用いる時計の進み方が異なるからです。重力の強さに応じて時間の進み方は

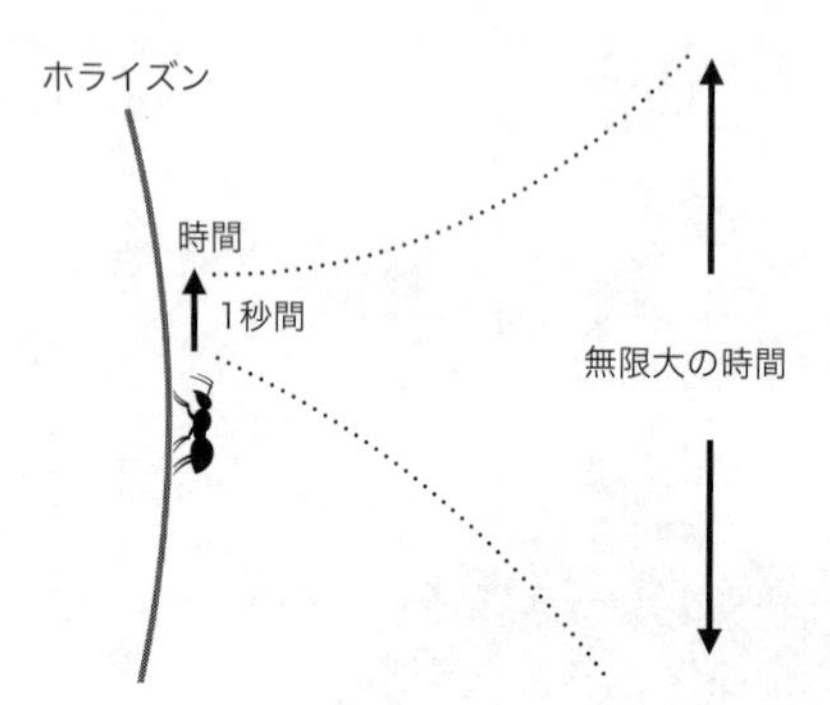

図5－5　シュバルツシルト半径での
1秒間＝外側にいる我々の無限大の時間

異なります。シュバルツシルト半径における「1秒間」は、シュバルツシルト半径より外側に存在する観測者にとっての「無限大時間」に相当します。両者の比が無限に大きいだけなので、シュバルツシルト半径での「1秒間」だけでなく、1時間でも、1年間でも同様に、それより外側の観測者にとっての時間間隔として無限に大きいのです（図5－5）。

この結果、シュバルツシルト半径から光の速さで外向きにボールを投げても、シュバルツシルト半径で1秒間経過したら、外側の我々にとっては無限大の時間が過ぎてしまい、我々はそのボールを観測できないのです。もちろん、我々にそのボールが届くことは永久にありません。しかし、そのボールにとまった小さな虫には、1秒間は1秒間にすぎません。

結局、その天体のシュバルツシルト半径で発した光は外側に届かないことになります。つまり、そのシュバルツシルト半径の内側は光で観察できません。こうして、天体の大きさがシュバルツシルト半径以下ならば、その天体からの光は観測できません。すなわち、その天体は、光で見えない天体なのです。

◆ミッチェルとラプラスの天体、ふたたび

これは、18世紀にミッチェルとラプラスが万有引力の法則を用いて推論した架空の天体と同じものです。一般相対性理論を知っている現代人の視点では、万有引力の法則を用いてその天体を議論することは正当化されません。しかし、「じゅうぶんに引力が強ければ、光さえ脱出できない」という推論は正しかったのです。

もっと驚くべきことに、彼らが計算した「光で見えない天体」の半径（の上限値）は、偶然にも、シュバルツシルト半径と完全に一致するのです。

ここまでくれば、凍りついた天体では何が凍っているのかわかりますよね。それは「時間」です。時計が凍りついて、その針が進まないのです。さきほどの例では、シュバルツシルト半径での「1秒間」は、その外側の我々にとって「無限に長い時間間隔」でした。比が無限大ですから、我々の時計での「1秒間」はシュバルツシルト半径での経過時間に直すと、「1秒間÷無限大＝ゼロ秒間」です。それは、我々にとっての1時間や1年間でも同様です。すなわち、シュバ

ルツシルト半径の外側にいる「我々」にとって、シュバルツシルト半径における経過時間は常にゼロなのです。言い換えれば、シュバルツシルト半径における時計（時間）はあたかも凍りついているように、外側の我々には見えるのです。

もちろん、「時間が凍りつく」は、あくまでメタファー（比喩表現）です。シュバルツシルト半径に到達したボールの表面にとどまった小さな虫の時間は経過します。宇宙のそれぞれの場所で時計の進み方は異なり、その違いは、お互いの地点での重力の強さと関係します。よって、「時間が凍りつく」のような比喩表現では、正しく時間の進み方を議論できません。お互いの時間の進み方の比較が、一般相対性理論における正確な議論を可能にします。

◆ブラックホールの地平面

シュバルツシルト半径の球面は一方通行の面です。外側から落下するボールなどが内側へ通り抜けることができます。一方、たとえ光の速さであっても、その半径から外側にボールを投げ出すことはできません。この一方通行の性質をもつシュバルツシルト半径の球面をホライズン（地平面）とよびます。また、天体の表面がシュバルツシルト半径以下のものをブラックホールとよびます。

ブラックホールのホライズンは、一方通行という特殊性を備えていますが、外側から落下する小さな物体はそのままホライズンを通過することができます。

それでは、さきほど考えたシュバルツシルト半径に落下するボールとその表面にいる小さな虫は、どうなるのでしょうか。

ボールと小さな虫は、有限の時間でホライズンに到達します。そして、そのまま中心方向に落ち続けることになります。しかし、中心に到達するのかはわかりません。その理由は、中心でも無限大が生じるためです。

◆シュバルツシルト解、もう一つの無限

さきほど、シュバルツシルト解をドロステの表示形にすると、二つ奇妙なことが生じると書きました。その一つが、これまで見てきた「ある距離＝シュバルツシルト半径」でのホライズンです。もう一方の領域は、「中心」だと紹介しました。このことについて見ていきましょう。

中心とは、シュバルツシルト解の原点に相当する領域です。この表示形による帰結では、そこでは、時空の曲がり具合が無限大になるのです。

曲がり具合が無限大の領域とはなんでしょうか。それは未だ謎です。曲がり具合が無限大の領域では、その幾何構造が不明です。無限大に曲がってしまうと、球や立方体などの形を定められないのです。よって、その領域を「特異点」とよびます。この用語に「点」という文字が含まれ

ますが、特異点は図形としての点ではありません。図形での点は、大きさのないものとして定義されますが、特異点はどうなっているかわからない領域です。さきほどの物体と小さな虫が中心に届くのかどうかさえ判断ができません。幾何構造が不明な領域における物体の軌道が定義不可能だからです。

5-4 ブラックホールを作る理論

ある天体が宇宙に実在するためには、その天体を作る必要があります。4章で見たとおり、宇宙誕生時点では、そもそも元素さえ存在しなかったのです。宇宙の膨張とともに最初の原子が作られ、そして重い元素が作られ、その原子が重力によって次々と集まり、いまの夜空に輝く恒星たちが作られたのです。

恒星からどのようにブラックホールができるのか、その過程を調べた科学者がいます。米国のロバート・オッペンハイマーとハートランド・スナイダーです。彼らは、恒星の寿命が尽きる（熱エネルギーを使い果たして、外向きの圧力を作れなくなる）と、自分自身の重力を支えられなくなって、中心方向に収縮する（崩壊するといいます）現象を理論計算で示しました。このとき、一般相対性理論を用いて、アインシュタイン方程式を数値的に解くことによって、星の崩壊の結果、ブラックホールが誕生することを示したのです。

オッペンハイマーとスナイダーの理論計算に対して、物理学者すべてが満足したわけではありません。むしろ、激しい論争の始まりでした。ホライズンが形成され、さらに中心が特異点になることは、当時の科学者にとって心理的に受け入れ難いことだったのです。なぜなら、特異点が存在すれば、その領域は当時の物理学や数学で記述できないからです。

反対派の旗手は、ヤーコフ・ゼルドビッチ率いる旧ソ連の物理学者グループです。彼らは、オッペンハイマーとスナイダーの計算の特殊性を非難しました。その特殊性とは、星の物質がすべて揃って中心方向に動くという仮定です。これは球対称性の仮定です。

現実の星は、完全な球体ではなく少し歪(ゆが)んでいます。歪んだ星の物体が、一斉に中心方向に正確に移動するとは考えられないからです。ここでのポイントは、ホライズン形成に反対したのではなく、中心の特異点は形成されないのではないかという疑念です。

否定派が多くいるなか、ブラックホール形成に関する論争に終止符を打つ人物が現れました。イギリスの数学者ロジャー・ペンローズです。彼は、星の形状の詳細を仮定することなく、現実的な物質が重力によって崩壊すれば、ブラックホールが作られることを数学的に証明したのです。

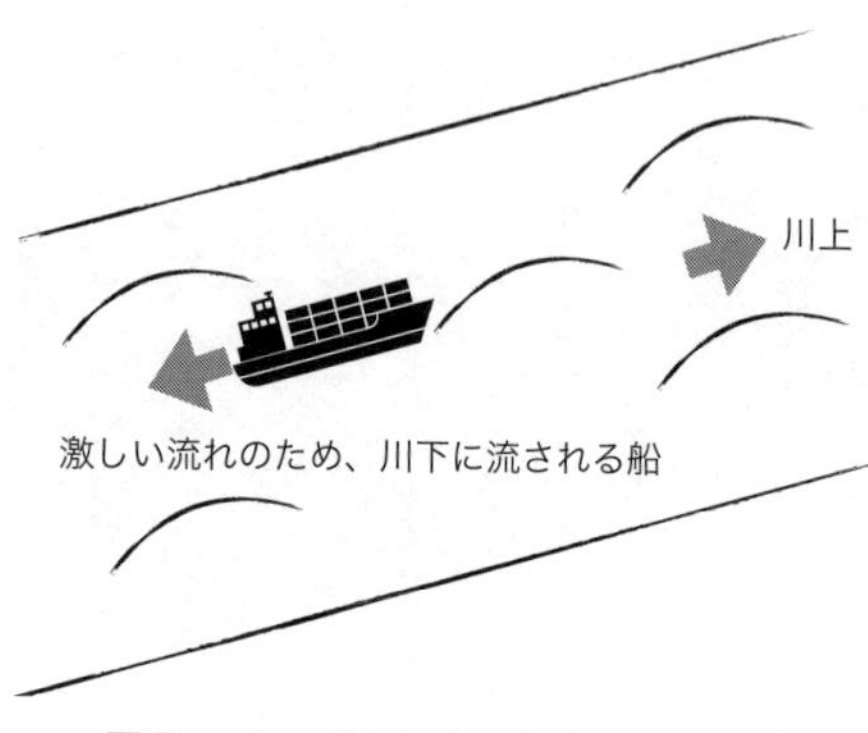

図5－6　引力による内向のイメージ

◆ペンローズのブラックホール

せっかくですので、彼の証明のあらましを説明しましょう。

ある点から同時に全方向に光が広がったとします。電球が一瞬光ったような状況です。通常ですと、文字どおり、同時刻のその光はある半径の球面をなします。もちろん、その球面の半径は「光の速さ×点光源を出発してからの経過時間」です。時間が経てば、その半径は経過時間に正比例して増加します。したがって、光が広がったといえます。言い換えれば、光が外向きに進んだのです。

しかし、ある点（電球の場所）に大きな質量が存在して、球対称な時空が大きく曲がっているとしましょう。この場合、厳密な計算には、一般相対性理論における数式が必要となりますが、ここでは要点だけに絞ります。

時空が十分大きく曲がると、ミッチェルとラプラスによる万有引力での計算結果と同じ現象が起きます。その大きく曲がった時空を進む光は、結局、強すぎる引力のため、内側へ後退するのです。この場合、ある点から出た光の同時刻の場所は球面のままですが、その半径は時間と共に減少するのです。よって、外向きに進む光でさえ収縮します。光は外に進もうとするのですが、その進む力より強い引力のために中心方向に吸い込まれる状況です。そして、吸い込まれた光は中心付近で進めなくなります。

直感的なイメージとしては、川を上ろうとする船に対して、川の流れが激しくて、結局、船は舳先を川上に向けながら下流に流されるようなものです（図5－6）。

このようにして、理論的にブラックホールが存在することは受け入れられるようになりました。次の課題は、実際の宇宙にブラックホールが存在するかです。そして、もし存在すれば、どのようにしてブラックホールが誕生したのかが問題となります。

コラム

「特異点定理」の数理

ペンローズが証明した「ブラックホールが形成されること」をもう少し掘り下げて説明してみましょう。彼が証明した内容は「特異点定理」「ペンローズ、1965年」とよばれます。

1965年、ペンローズは有名な特異点定理を証明しました。その特異点定理によれば、ある物理的な物質が存在し、宇宙空間が無限に広く、かつ、捕捉面が存在するならば、光線が無限に延長できない。つまり、特異点定理では、ある光線には終端が存在することが結論されます。

はじめて登場する言葉が出てきたので、その説明をしながら特異点定理のあらましを見ていくことにしましょう。

まず「ある物理的な物質」とは、数学的には「光的エネルギー条件」を満たす物質のことです。この光的エネルギー条件とは、光速で移動する観測者（光など）から見て、物体の質量（広い意味ではエネルギー）が必ず正であることを意味します。本書では、その条件を表す詳細な数式を提示しませんが、我々が日常知っている物質はこの条件を満足します。次に、外向きの光でさえも強い重力によって収縮する（「中心」に引き込まれる）領域が存在する場合、その境目を「捕捉面」とよびます。

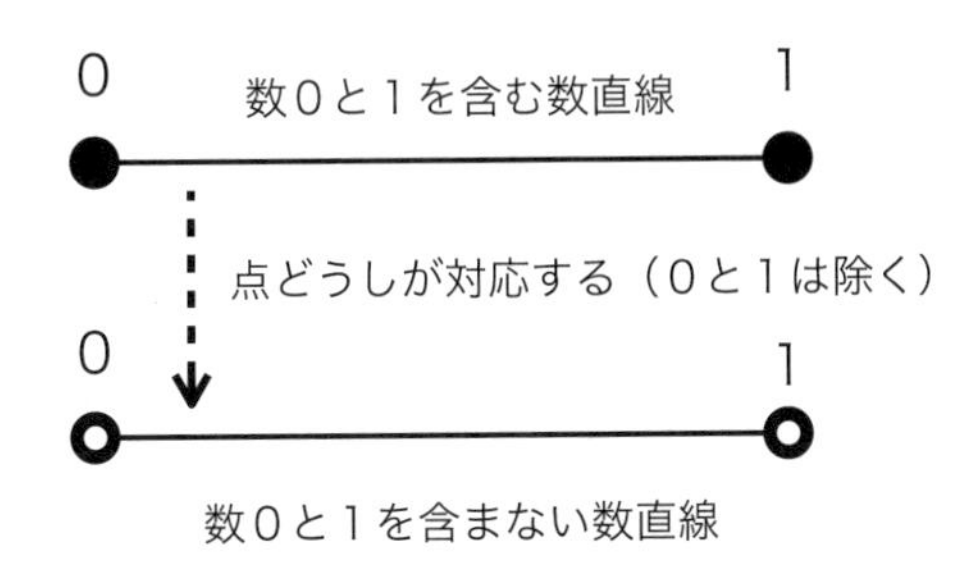

図5－7　数直線上での線分（0, 1）と［0, 1］
数直線上の値0や1の点が対応できない。

ある物理的な物質が存在し、宇宙空間が無限に広く、かつ、捕捉面が存在する場合に、すべての光線が無限に延長できると仮定します。このとき、矛盾が生じることを示すことが、この定理の証明における主要な点です。矛盾が生じることから「すべての光線が無限に延長できる」とした仮定が間違いだったことになります。つまり、ある光線は有限の距離で進めなくなることが示されました。

この証明の根幹において、通常の物理学で用いられない概念である「開集合」と「閉集合」が重要な役割を果たします。この概念をイメージしてもらうため、図5－7を見てください。

開集合とは数直線上の端点を含まない区間を表し、閉集合は端点を含んだ区間を意味します。

さて、さきほどの矛盾を回避するには、無限に伸びない光線が存在する必要がありました。その光線は有限時間しか進めないのです。その有限時間より先に伸びる光線のことを論じることは不可能です。これが特異性の一例です。

なお、ペンローズによる最初の特異点定理の証明では、捕捉面の存在が定理の仮定の一つでしたが、その後の研究により、ある状況で物質が十分小さな領域に押し込められれば、捕捉面が存在することが証明されています。

また、光線がそれ以上進めない領域が時空に存在することは、そこでの物質密度が無限大であるとか、時空の曲がりが無限大であることを必ずしも意味しないことに注意してください。特異点は、時空の幾何学が適用できる領域の端とでも言うべき領域で、大きさ（広さ）や形を議論できない（現代の数学・物理学の知識では正確な議論のしようがない）領域です。

ただし、たとえ特異点が存在しても、時空に関する我々の理解は正しいと考えられています。ブラックホールの場合、内部に特異点が存在しても、その特異点の情報は、ブラックホール・ホライズンのおかげで、ブラックホールの外側で暮らす我々には届かないからです。しかし、時空の特異点がすべてブラックホールの内側に隠されているかに関しては、研究者の間でも意見が割れています。その未解決問題は「宇宙検閲官仮説」とよばれ、現在でも盛んに研究されています。

5-5 巨大ブラックホールの発見と謎

第1回のノーベル物理学賞の受賞者が誰か知っていますか？　病院で使うレントゲンで知られるヴィルヘルム・レントゲンです。1895年、レントゲンはある波長をもつ新しい種類の電磁波を発見しました。当初、この電磁波の正体は未知だったためX線と名づけられました。

X線が可視光と同じ電磁波にもかかわらず、19世紀末まで人類が気づかなかった理由は、それが1000万度にも相当するような高エネルギーの電磁波だったためです。一方、恒星の温度は、赤い星で数千度、青白い星でも数万度程度であることが知られています。そのため、X線発見から半世紀くらいの間は、このような電磁波が天体から発せられるとは考えられませんでした。例外は、太陽の表面で起こる爆発現象である太陽フレアなどです。太陽フレアではX線が発生します。こうした例外的現象は、ほんの短い時間だけ観測されるに過ぎません。そのため恒常的にX線を出し続ける天体など、誰も想像だにしませんでした。

1962年、イタリア人物理学者のブルーノ・ロッシとリカルド・ジャコーニは、X線を用いて宇宙を観察する装置を搭載したロケットを打ち上げる実験を行いました。観測時間はわずか6分弱です。なぜ宇宙に打ち上げたのかというと、宇宙から来るX線は大気によって吸収されてしまうからです。宇宙空間なら、そのX線を検出できるはずです。

実験前の予想では、太陽からのX線が月の表面で反射されたもののみが検出されるはずでした。しかし、月からの反射X線以外にも、X線が検出されました。その想定外のX線が、さそり座の方向からやってきたことから、この謎の天体は「さそり座X－1」と名づけられました。この発見こそが、のちに「X線天文学」とよばれる新しい天文学分野の誕生へとつながりました。ジャコーニは2002年、この成果によってノーベル物理学賞を受賞しています。

続けて、「はくちょう座X－1」とよばれるX線天体も発見されます。その後の詳細な観測によって、このはくちょう座X－1からのX線の強度は、1秒ほどで変動していることがわかりました。3章を思い出してください。短い時間周期で変動する電磁波を発するということは、この天体のサイズが小さいことを意味します。さらに、はくちょう座X－1の位置に恒星が発見されました。その恒星を観測し続けると、それが周期5・6日で連星として運動していることも判明します。その運動の解析から、最終的に、その恒星は太陽の20倍程度の質量をもち、もう一つの星の質量が太陽の約15倍であることもわかりました。

本来なら、太陽の15倍の質量をもつ恒星は望遠鏡で見えるはずです。しかし、見えなかったのです。なぜでしょうか？　この星の正体として可能性があるのは、中性子星もしくは、ブラックホールです。しかし3章で見たように、中性子星の質量は、超新星爆発によって恒星のときの質

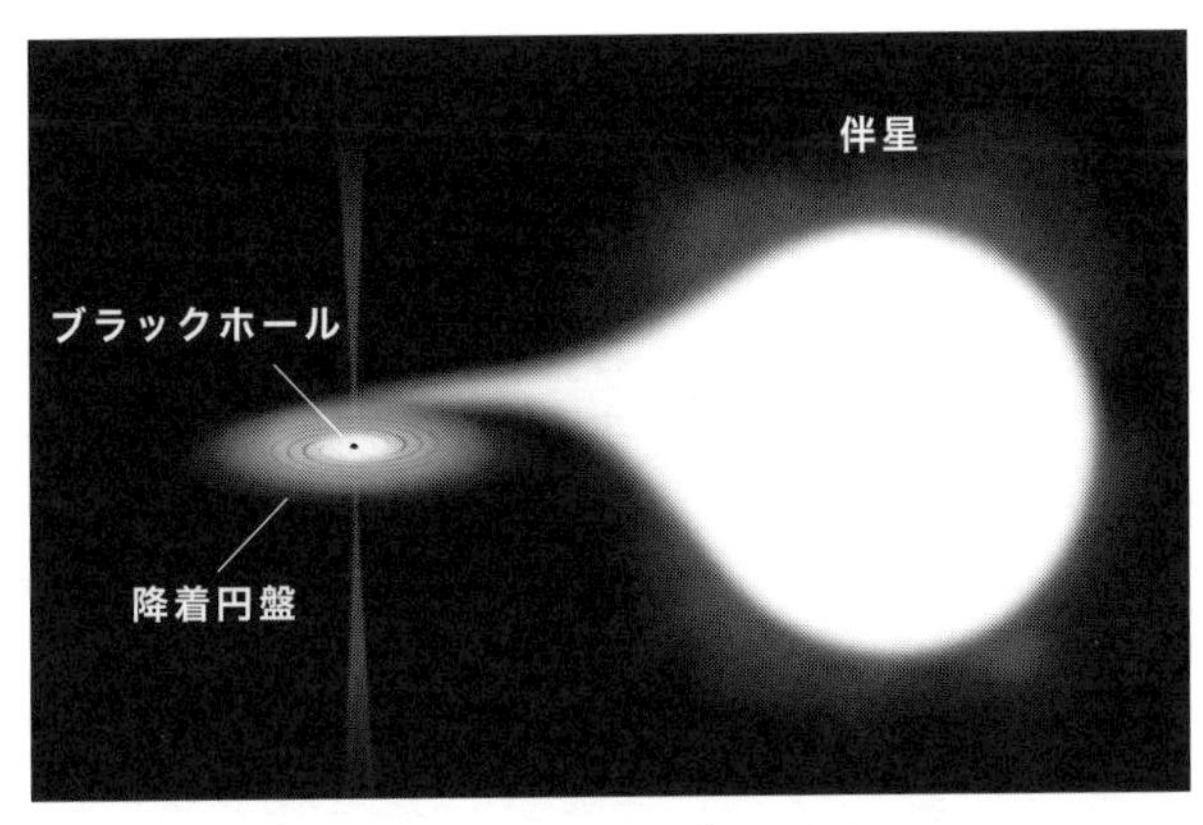

図5－8　伴星をもつブラックホール

量の大部分が吹き飛ばされるため、元の質量の10分の1ほどしか中心部に残らず、それは太陽質量の3倍程度までです。となると残された可能性は、ブラックホールになります。

ここで疑問が生じます。すでに説明したとおり、ブラックホールは光を出さない天体のはずです。どうしてX線の発生源になるのでしょうか。

ポイントは、はくちょう座X－1の場所にある恒星の存在です。連星を構成しているため、恒星の表面部分（恒星大気とよぶ場合があります）はブラックホールの重力ではぎ取られてしまいます。そのはぎ取られた物質はブラックホールの強い重力で吸い込まれます。元々、恒星表面において運動速度が小さい物質でも、ブラックホールの強い重力で引き込まれる結果、その速度がとても大きくなります。その高速度で移動する物質どうしが互いに衝突することで、その運動エネルギーが熱エネルギーに変換され、高エネルギーのX線が発生します。

つまり、ブラックホール自体からX線が放出されるのではなく、連星を成しているブラックホールが、連星のもう一方の天体である恒星（伴星といいます）からの物質を強い重力で吸い込む際にX線を放射するのです。恒星から高速度で吸い込まれる物質は気体の状態のため、天文学者は「ガス」とよびます。そのガスどうしが衝突することで高温になり、ブラックホール近傍では数百万度以上にもなります。そのためX線が放射されるのです。このとき、円盤状に分布するその高温のガスを「降着円盤」とよびます。

◆巨大ブラックホールの謎

天文学者、ラインハルト・ゲンツェル（ドイツ）とアンドレア・ゲズ（米国）はそれぞれの観測チームを主導し、天の川銀河の中心に太陽400万個分に相当する巨大な質量が集中していることを観測で明らかにしました。これがこの章の冒頭に紹介した「いて座Aスター」です。もちろん、太陽400万個分もの明るい天体はその領域で見つかっていません。よって、大質量のブラックホールの証拠だと考えられています。実際、彼らの観測では、銀河系中心を運動する恒星の軌道観測から、その大質量が推定されています。

銀河系中心における代表的な観測対象はS2と名付けられた星です。その星の銀河系中心まで

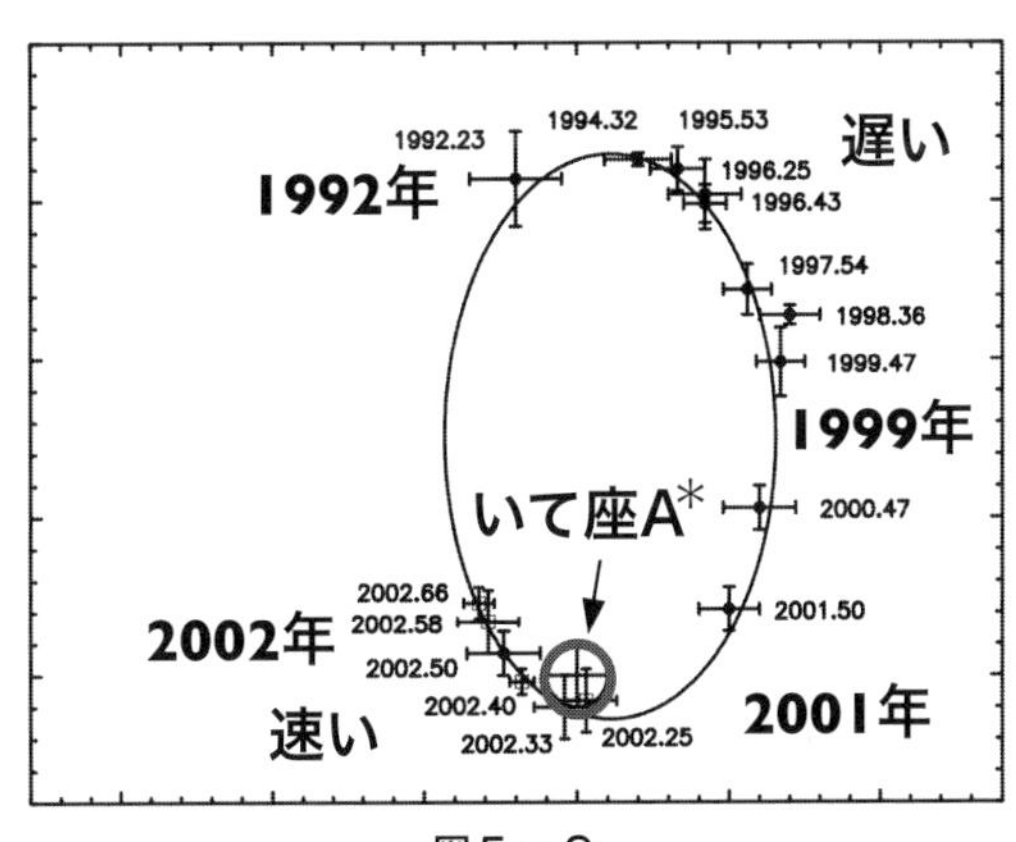

図5－9
天の川銀河中心の巨大ブラックホール周りの星S2の運動

もっとも近くなる距離でさえ、およそ120天文単位（太陽－地球間の平均距離の120倍）もあります。この中心天体がブラックホールだとすれば、そのシュバルツシルト半径は約1200万キロメートルにもなりますが、天文単位に換算すれば1天文単位に少し届かない程度です。つまり、S2がブラックホールへもっとも近づく点は、シュバルツシルト半径の100倍以上もあり、S2の運動はニュートンの万有引力を用いても説明できます。

銀河系中心の大きな質量は、巨大ブラックホールが担っていると考えられています。しかし、そのブラックホールの表面はおろか、その強い重力による一般相対性理論の効果も明確に検出されていません。2020年の彼らの受賞に対してノーベル賞選考委員会が与えた理由では、「超大質量ブラックホール」ではなく、「超大質量のコンパクトな天体」という言い回しが用いられています。これは選考委員会としての公式な見解であり、多くの天文学者は彼らが発見した天体は巨大ブラックホールだと信じています。一方、多くの物理学者は、より慎重な言い回しである「巨大ブラックホール候補」という呼び名を好みますが、本書では、簡単のため、たんに巨大ブラックホールとよびます。

5-6 太陽質量の約10億倍の星「クェーサー」

実は、我々の所属している銀河である天の川銀河の中心が、人類が初めて巨大ブラックホールを発見した領域ではありません。

1960年、3C273という電波天体の正確な方向が判明しました。その天球上での位置が決定された直後、オランダの天文学者マーチン・シュミットが光学望遠鏡を用いてその電波源を観測し、そこに13等級の恒星状の天体（点として見える天体）を発見しました。この恒星状の天体は、のちに「準恒星状天体」（Quasi-stellar Object）と名づけられ、今日では英語名を略して「クェーサー」とよばれます。

その天体からの光のスペクトルを測定することによって、3C273は、地球から約20億光年も離れた天体であることが判明しました。そんな遠くにある点のような領域から莫大な熱エネルギーが放出される結果、太陽の2兆倍もの明るさで輝いているのです。発見当初、その天体の正体に関する論争があり、その結果、それは巨大ブラックホールだと結論づけられました。

また、この天体の質量は、約8億8600万太陽質量と見積もられており、巨大な質量をもつといわれています。その後も、次々とクェーサーが発見され、それらの中心には巨大ブラックホールが存在すると考えられるようになりました。

◆イベント・ホライズン・テレスコープ

こうして巨大ブラックホールの間接的証拠がたくさん得られてきました。ついに、その巨大ブラックホールに肉薄する観測が登場しました。これが本章の冒頭でもふれた「イベント・ホライズン・テレスコープ」（EHT）です。すでにニュースなどでご存じの方も多いと思いますが、ここで詳しく紹介します。

2019年4月、EHTのチームが国際記者会見を開き、彼らの成果を発表しました。それはM87銀河中心のブラックホール近傍の撮像結果です（図5-10）。

ブラックホールの周りに降着円盤が存在する場合、その降着円盤は高温で光を発しています。すでに説明したとおり、ブラックホール近傍の時空は大きく曲がっています。したがって、降着円盤の内縁部分から発せられた光は、その湾曲した時空を通って我々に届くことになります。本来なら（ユークリッド空間なら）我々から見えないはずのブラックホールの背後にある降着円盤の部分からの光までもが、その光の軌道が大きく曲げられるため、我々に届くことになります。結果として、降着円盤からの光は、見かけ状はドーナツのような形で見えることが理論計算から予想されます。ブラックホールの存在のため真ん中から光は届かず、中心部分は真っ黒です。

この予測は「ブラックホールシャドウ」とよばれました。ブラックホールシャドウに関する理論研究は1960年代頃から行われていましたが、それを観測できる天文装置が存在しなかったため「絵に描いた餅」ならぬ「絵に描いたブラックホール」の状態が半世紀近く続きました。

2012年、ブラックホールシャドウの観測に挑戦する国際共同プロジェクトとして、EHTチームが発足しました。地球上にある複数の電波望遠鏡の観測データを合成することで、地球サイズの口径に匹敵するバーチャルな巨大電波望遠鏡を構成する計画です。もちろん、チーム名に含まれる「イベントホライズン」は、ブラックホールのホライズンにちなみます。

2017年4月、合計8個の電波望遠鏡が参加し、観測が行われました。実際のデータの大きさは数千兆バイト（＝数百万ギガバイト）にもなり、スーパーコンピューターを用いたデータの合成の結果、20マイクロ秒角という人類最高の角度分解能が達成されました。この分解能は、地球から見て月の上の1円玉を検出するようなすごいレベルです。

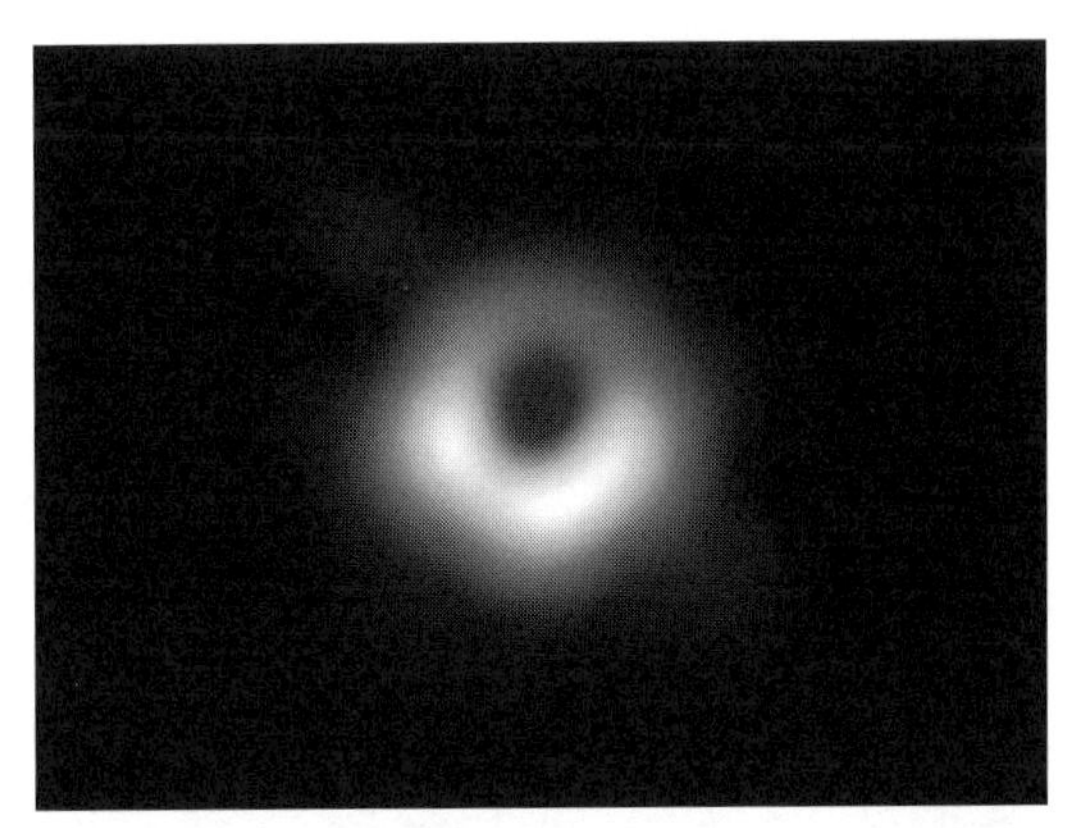

図5－10　EHTによるM87巨大ブラックホール近傍の撮像
（2019, EHT Collaboration）

ＥＨＴの初観測は、約６０００万光年かなたにあるM87とよばれる銀河の中心にある巨大ブラックホール近傍の撮像でした。そして、その巨大ブラックホールの質量は太陽質量の約60億倍であることがわかりました。

さらに、２０２２年5月、ＥＨＴチームは次の成果を公表しました。天の川銀河中心の巨大ブラックホール近傍の撮像です。それが、本章の冒頭に掲載した写真です（図5－1）。もちろん、我々が住んでいる銀河の中心なので、この巨大ブラックホールが我々にとってもっとも近いもののはずです。そこまでの距離は約3万光年に過ぎず、M87までの距離の約2000分の1です。一方、天の川銀河中心の巨大ブラックホールの質量は、太陽質量の約４００万倍でした。この質量はM87の場合の約１５００分の1です。

ブラックホールの大きさの目安であるシュバルツシルト半径は、質量に正比例しますから、天の川銀河中心の巨大ブラックホールの大きさもまた、M87のものの約1500分の1です。物体の見かけの大きさは、物体の大きさと距離の比で決まりますから、M87中心にある巨大ブラックホールの見かけの大きさと天の川銀河中心のものとは、偶然、同じ程度の大きさになります。同程度の見かけのサイズだからこそ、EHTで両方とも撮像できたのです。

5-7 宇宙の歴史と巨大ブラックホール誕生の謎

天文観測から巨大ブラックホールが宇宙に存在するらしいという証拠が数多く得られています。では、どうやってこのような巨大ブラックホールが誕生したのでしょうか。

これには、「ボトムアップ型の方法」と「トップダウン型の方法」の2通りが検討されています。

◆ボトムアップ型の方法

まず、ボトムアップ型の方法を紹介します。

恒星の進化に関してですが、重い恒星の方が軽い恒星より寿命が短くなります。一見すると、重い恒星の方が核融合のための材料となる元素の量が多いため、寿命が長くなると思うかもしれません。しかし、燃費が悪いのです。重い恒星の方が、より大きな熱エネルギーを発生させてより明るく輝きます。恒星のおおよその明るさは、その質量の4乗に比例するといわれています。そのため、重い恒星の方が核融合のための燃料を早く使い尽くして重力崩壊に進みます。宇宙の初期には、太陽質量の数十倍程度のブラックホールが形成されたと考えられています。

5-5節で見た伴星をもつブラックホールのように、周りの物質を吸い込んでいけば質量が増え、やがて巨大ブラックホールになるのでしょうか。実は、そう簡単にはいきません。たしかに、ブラックホールは引力をまわりの物質に及ぼしますが、吸い込まれる物質が降着円盤を作ります。すでに述べたとおり、降着円盤は高温ですから、そこからは高エネルギーの光が放射され、それが外向きの圧力として物質の降着にブレーキをかけるのです。前節に登場した3C273のようなクェーサーは、太陽質量の約8億8600万倍の質量をもつとされています。しかし、宇宙誕生から数億年の段階に、太陽質量の数十倍のブラックホールが、このように太陽質量のおよそ10億倍にもなる巨大ブラックホールまでに成長することは極めて難しいと考えられています。

それでは、太陽質量の数十倍のブラックホールどうしの合体が何度も繰り返されて、太陽質量の10億倍もの巨大ブラックホールまで成長したと考えるのはどうでしょうか。

実は、この過程も非常に難しいのです。

図５－11　連星の合体と外に飛ばされる天体

星どうしの合体といっても、広い宇宙空間で星同士が正面衝突する確率はゼロに近いのです。二つの星が互いの周りを回る連星をなしているとしましょう。公転半径は保たれます。この連星の公転半径が縮んで合体するためには、その角運動量が減少する必要があります。通常は角運動量の総和が保存するため、連星系の角運動量を減らすには、連星の外側に角運動量を何らかの形で運び出す必要があります。星と星が合体するためには、その天体系の角運動量を外側に持ち去る必要があります。そのため、ブラックホールどうしなどの質量の大きな天体が合体する場合には、その周りに存在するほかの天体が外に飛ばされることで、角運動量が持ち去られます（図５－11）。

しかし、この合体が何億回も続く可能性は限りなくゼロです。とくに、互いに数光年まで接近すると、もはや角運動量を外に運び去ってくれる天体がほとんどなくなってしまい、合体するまでには宇宙年齢以上の時間がかかるとされています。

これが、「ファイナルパーセク問題」とよばれる宇宙物理学における未解決問題の一つです。

◆トップダウン型の方法

もう一方のトップダウン型の方法は、どのような過程でしょうか。

まず、太陽質量の数十万倍もの大質量星を想定します。そのような超大質量星は不安定になることが理論的に知られています。宇宙誕生の頃にそのような超大質量星があれば、直ちに自己の重力によって崩壊し、巨大ブラックホールとなります。

しかし、この方法は、超大質量ブラックホールを作る難問を宇宙初期に超大質量星を作るという問題に置き換えたに過ぎません。また、超大質量星を宇宙の初期揺らぎで準備することは、4章で見た通常のインフレーションのシナリオでは難しいのです。そのため、この考え方では、宇宙の初期条件に関する新たな知見が必要になります。


トップダウン型の方法も、ボトムアップ型の方法も、巨大ブラックホールが存在する理由を説明することは極めて難しいのが現状なのです。しかし、観測ではさまざまな巨大ブラックホールが発見されています。

このように、観測によって巨大ブラックホールの数密度や形成時期を探ることは、最終的に我々の宇宙の初期条件を知る手がかりとなると期待されています。

◆巨大ブラックホールからの重力波

この章の最後に巨大ブラックホールの連星からの重力波に関する数値を大まかに紹介します。この数値の巨大さから、次章で登場する巨大な重力波検出器が必要となることを理解していただけると思います。

M87銀河の中心にある巨大ブラックホールのような太陽質量の100億倍近くのブラックホールが2個、連星をなしているとしましょう。そして簡単のため、その公転周期を約2年と仮定します。実際には、重力波の周期はその半分の約1年ですので、これは振動数がナノヘルツの重力波となります。

観測される重力波の振幅は、我々からその天体までの距離に反比例します。たとえば、我々からM87銀河までの距離を仮定すれば、その場合に観測される重力波の振幅は10のマイナス14乗程度になります。このような超長波長の重力波を観測する方法が、次章で紹介する「パルサータイミング法」を用いた宇宙の巨大検出器です。それでは、実際にどのように行われているものなのか、その原理を見ていくことにしましょう。

第6章 ナノヘルツ重力波を捉える

パルサータイミング法と宇宙の謎

これまで見てきたように、とても長い波長の重力波を観測することが、宇宙の理解にとって重要だとわかっていただけたと思います。

この章では、その超長波長の重力波「ナノヘルツ重力波」を捉えることができる「パルサータイミング法」の基本的な原理と、冒頭に紹介した成果、そして現在の天文学者たちを悩ませている宇宙の謎について迫りたいと思います。

6-1 重力波とパルサーのまたたき

パルサーは宇宙の精密時計だと3章で紹介しました。この、パルサーからの電波パルスは極めて正確に周期的に地球に届きます。このパルサーからの電波を利用して、超長波長の重力波を観測しようというアイデアが「パルサータイミング法」です。

まず、図6－1をご覧ください。

あるパルサーを長期間継続的に観測する状況を思い浮かべてください。このとき、図6－1・

パルサーからの規則正しい電波パルス

重力波中を通過する電波パルスの周期は増減する

図6－1　パルサーからの規則正しい電波と
重力波を通過するパルサーからの電波

上のように、パルサーからの電波は規則正しい周期で観測されるはずです。では、このとき、そのパルサーから地球までの間を重力波が横切ったらどうなるでしょうか。

2章で説明したとおり、重力波は横波ですから、その重力波が横切った区間では、重力波の進行方向に垂直な向きに空間が伸び縮みします。ここでは簡単のため、パルサーから地球の向きに空間が伸びたという単純な状況を考察しましょう。

図6－1・下のように、二つの電波パルスの間の空間が重力波で引き伸ばされたため、一つ目のパルスが通過してから、次のパルスが到着するまでの時間が、重力波が通過しない場合に比べてより長くかかります。これは、電波パルスの周期が大きくなったと解釈できます。

重力波通過による電波パルスの周期の変化を表す数式を「ドップラー公式」とよぶことがあります。本来のドップラー公式は、音源および観測者の運動によって、観測される音の周期（あるいは振動数）が変化する現象を数式で表現したものです（図3－8）。ここでの重力波による電波パルスのドップラー公式の導出においては、通常、パルサーと地球の両方とも静止している座標系が用いられます。

ここで、両端が静止している場合、その間の長さは変わらないのではないかと感じた読者もおられるかもしれません。それは、あくまで日常感覚に過ぎません。1章で説明したとおり、我々の時空は固定された硬いものではなく、ぐにゃぐにゃしたものです。ゴム紐を用意して、2点の間隔がちょうど10センチメートルになるようにペンで印をつけてください。そして、そのゴム紐を引っ張ってみて、そこでゴム紐全体を静止させてください。このとき、ペンで印を付けた点は元の空間的な位置から移動して、その2点間の距離は10センチメートルより大きくなっています。同様に、一般相対性理論においては静止している2点どうしの間隔は、伸びたり縮んだりすることが可能です。

冒頭の重力波通過によって電波パルスに生じた現象は、自動車に置き換えて考えるとわかりやすいと思います。同じ道を走っていても「道路が引き伸ばされてしまった」ため、余計に時間がかかるのです。一般相対性理論の研究者たちは、このように余計に時間がかかる現象を「遅れ」

図6-2　パルサータイミング法

とよびます。

さて、パルサーからの周期的な電波パルスを観測する状況を考えてください（図6-2）。これはチカチカと周期的に点滅している灯台に似ています。このことから、パルサーのことを「宇宙の灯台」とよぶことがあります。ところが、重力波が通過すると、その電波パルスの周期がズレます。このようなズレ、パルサーの「またたき」が不規則になる現象を観測で見つけ出せば重力波の検出ができるはずです。これが、パルサータイミング法の基本的なアイデアにつながりました。

◆パルサーの不規則なまたたき＝重力波？

では、パルサーの不規則な「またたき」を見つければ、それを重力波検出だと報告してよいでしょうか。この疑問点こそが、パルサータイミング法を用いた重力波検出における肝となります。

パルサーでさえ、完全無欠の時計ではありません。電波パルスの周期は微小ながら常に変動します。1970年代以降、パルサーからの電波パルスの周期変動の観測から、重力波による振動の大きさへの制限が与えられてきました。ここで制限とは、上限値とよばれるものです。「その値を超えない範囲が許される。言い換えると、その値より小さければ、存在してもかまわない。あるいは、まったく存在しなくてもかまわない」ということです。

観測データは、観測装置や気象条件の影響により、かならず誤差を含みます。パルサーを観測する電波望遠鏡は地上に設置されているため、たとえば、上空の大気の影響を受けます。重力波が電波パルス周期の変動を引き起こしたとしましょう。この場合、

「観測された電波パルスの変動」＝「重力波による変動分」＋「観測誤差」の合計

となります。他の観測誤差と重力波の影響を区別できなければ、右辺の切り分けが不可能なため、

「観測された電波パルスの変動」＞「重力波による変動分」

しかわかりません。

もちろん、図6-1のとおり「観測された電波パルスの変動」が100パーセント、観測誤差に起因した可能性さえあります。

◆観測電波の「前景」とはなにか

4章では、天文学において「背景」という言葉がどのような意味を持つかを紹介しました。では、「前景」といったらどういう意味になるのでしょうか。もう一度、富士山の例で考えてみましょう。都心から富士山を眺めているとします。この状況では、富士山が主な対象です。ただし、さまざまな建物や公園の樹木などが富士山より手前に見えます。富士山より手前に見える建物や樹木などを前景とよびます。

パルサー観測においては、パルサーが富士山にあたります。このパルサー観測には前景が存在します。地球には大気が存在し、主に大気に存在する水蒸気がパルサーからの電波に影響します。さらに、地球の外側にも前景となるものがあります。宇宙空間にはほとんど物質が存在しませんが、まったくのゼロではありません。とくに中性水素が存在します。中性水素というのは、電子がない水素イオンでなく、陽子のまわりに電子をもつ水素原子で、通常、水素分子の形で宇宙空間に漂っています。

水素原子は電子と陽子から構成されているため、電波を吸収・散乱することができます。それにより、パルサーからの電波が宇宙空間に存在する中性水素などと電磁気的に相互作用することによって、電波パルスの形が引き伸ばされ、地球への到着が遅れることになります。宇宙空間には、水素以外の物質も漂っていますが、大部分を占めるのが中性水素なので、本書では簡単のため、宇宙空間にある通常の物質代表として、中性水素だけを考察します。

さらに、これまで見てきたように重力波によっても、電波パルスの到着は遅れます。ただし、中性水素による遅れと重力波による遅れには大きな違いがあります。

重力波による遅れの原因は、空間の長さの伸びです。空間の長さは、すべての物に対して共通に影響します。つまり、重力波による遅れは万物の遅れです。

一方、中性水素による電波の遅れは、電波の波長に依存します。詳しく書くと、遅れの大きさは、電波の波長の2乗に正比例します。実際の電波望遠鏡を用いた観測では、大抵の場合、複数の波長で同一の天体を観測します。これによって、中性水素の影響による電波の遅れをある程度、修正できるのです。

しかし、遠方の天体であるパルサーからの電波は、前景となる中性水素の多くを通過することになります。図6-3を見てください。

この通過の結果としての地球への到着時刻の遅れの大きさは、電波パルスの周期であるミリ秒程度を超えます。ここでたとえ話として、校庭でのマラソン大会を眺めている状況を想像してみ

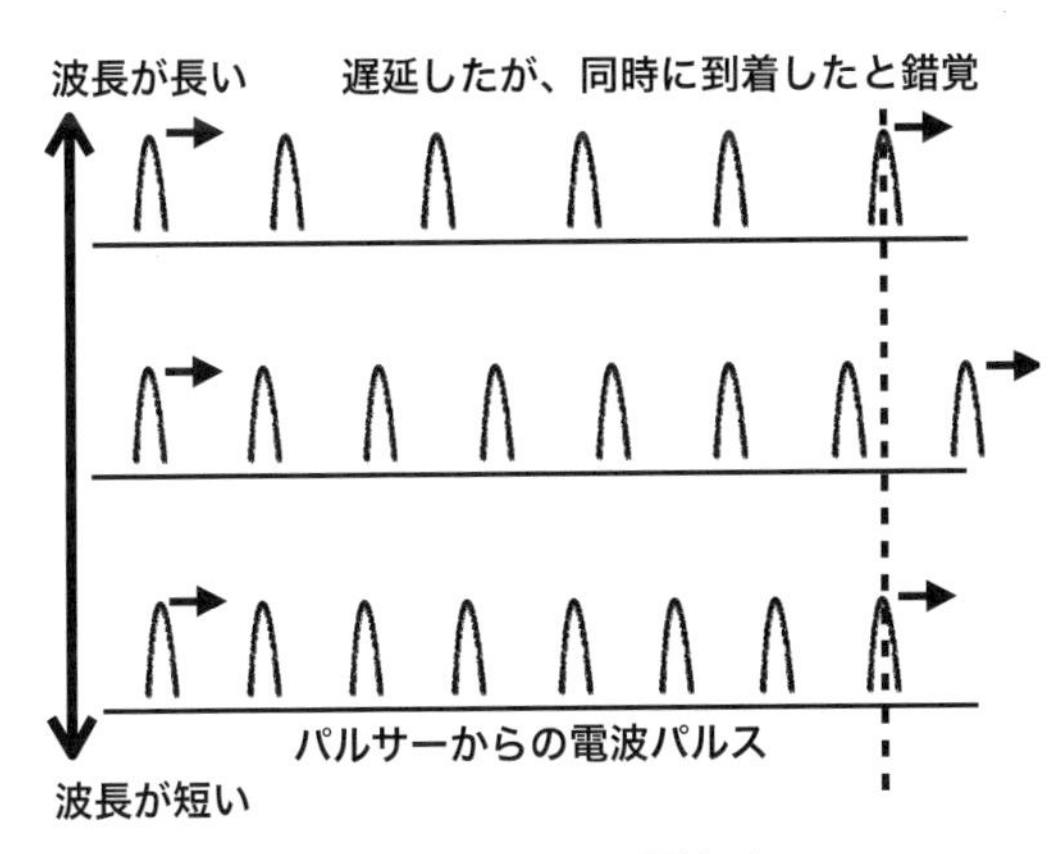

図6－3　周回遅れの電波パルス

ましょう。4周目を走っている生徒が、まだ3周目の別の生徒に追いついたとします。その瞬間だけを見ると、その二人は並走して走っているのか、どちらか1名が周回遅れであるのかを判別できません。周回遅れかどうかを識別するためには、スタート時点からのすべての状況を把握する必要があります。

一方、パルサータイミング法の観測では、電波パルスが地球（検出器）に届く瞬間だけを測定し、電波パルスの経路全体を測定していません。そのため「周回遅れ」のパルスが存在しても、周回遅れであることを我々は認識できません。つまり、パルス周期と同じか、それ以上に中性水素通過の影響で遅れてしまうと、周回遅れによる遅延分を我々は正しく測定できないのです。

◆前景を補正するには

中性水素による遅れを補正するためには、この遅れの大きさをあらかじめ知っておくことが重要です。そのためには、中性水素などの物質が、銀河系の中にどのように分布しているか調べることが必要です。じつは、従来から電波望遠鏡を用いてその分布が調べられてきました。

さらに、現在建設中のスクエア・キロメートル・アレイ（略称ＳＫＡ）を用いて、空間的に高分解能でその分布図が作成できることが期待されています。その名前のとおり、ＳＫＡは集光面積1平方キロメートルもの巨大な電波望遠鏡を目指します。これにより、従来の電波望遠鏡のおよそ50倍もの感度が達成される見込みです。

巨大といっても、大きなアンテナを一つ建造するのではありません。具体的には、比較的高い周波数の電波を受信するための口径15メートルのパラボラ型アンテナ約３０００台をアフリカ大陸に広く設置する予定です。これは最大１５０キロメートルにもわたります。この地域が選ばれた理由は、人工的な電波源が他の地域に比べて少ないためです。中心となるものは、南アフリカのミーアキャット国立公園に設置されます。ここは、標高およそ１０００メートルの高地で空気が乾燥しています。水蒸気は電波観測の天敵ですから、この条件は重要です。もちろん、国立公園ですから人工の電波源もほとんど存在しません。

図6－4　SKAの完成予想図
上：南アフリカに設置予定の電波望遠鏡
(SPDO/TDP/DRAO/Swinburne Astronomy Productions)
下：オーストラリアに設置する低周波帯アンテナ
(SKA Japan)

また、低い周波数の電波を受信するためのアレイ型アンテナがオーストラリアに設置される予定です。おそらく２０３０年以降の第2期工事では、アフリカ地域にもアレイ型アンテナが追加されるようです。

パルサータイミング法を十分活用するためには、前景への理解が重要ですが、このＳＫＡによってさらに理解が進むと考えられています。残念ながら、ＳＫＡは順風満帆ではありません。一つの懸念は、人工衛星がたくさん打ち上げられていることです。これらの人工衛星は、人工的な電波源にほかなりません。1個、2個の人工衛星なら、その方向だけ避けて観測することが可能ですが、天空のあらゆる方向に人工衛星があれば、もはや人工衛星からの電波を避けることができません。実際、通信サービスの企業などが、数万機の人工衛星の打ち上げを検討しているそうです。この問題に対して、すでにＳＫＡチームは、人工衛星からの電波干渉を取り除く技術を開発しており、この人工衛星問題は、ＳＫＡ観測に大きな影響を与えないだろうと考えられています。

もう一つの問題は、２０２７年から科学観測を開始する予定ですが、建設資金が間に合うのかという現実問題です。ＳＫＡは世界で唯一の巨大電波望遠鏡で、日本を含む16ヵ国から資金提供されます。すでに、ＳＫＡの計画当初に比べて、建設費用が増加したためだそうです。

6-2 複数のパルサーを観測する意義

　さて、研究が進みこれまで見てきたような前景が十分に理解されたとしましょう。この場合、パルサーからの電波パルスの変動を、重力波に直接結びつけることが可能でしょうか。実は、まだ不十分です。

　それは、パルサー自体の変動が存在するからです。宇宙の超精密時計とはいえ、パルサーからの電波パルスはわずかに変動します。

　あるパルサー1個の天体だけを考えてみましょう。そのパルサーからの電波パルスの変動のうち、どれが重力波の影響で、どれがパルサー自体の変動分でしょうか。

　仮に、我々がパルサーに住んでいれば、そのパルサーの振動（星の振動を星振とよびます）は地震のように計測可能でしょう。しかし、それは無理な話です。そこで天文学者は、電波パルスの周期変動や強度変動から、発信源であるパルサーの振動機構を推定しようとしています。ただし、まだパルサー（つまり、中性子星）の振動に関する確立した理論はありません。

　恒星の場合、すでに知られている物理法則を天体の内部（外から見えない部分）に適用することが可能です。一方、すでに説明したとおり、中性子星の内部は高密度のため、現在の技術では

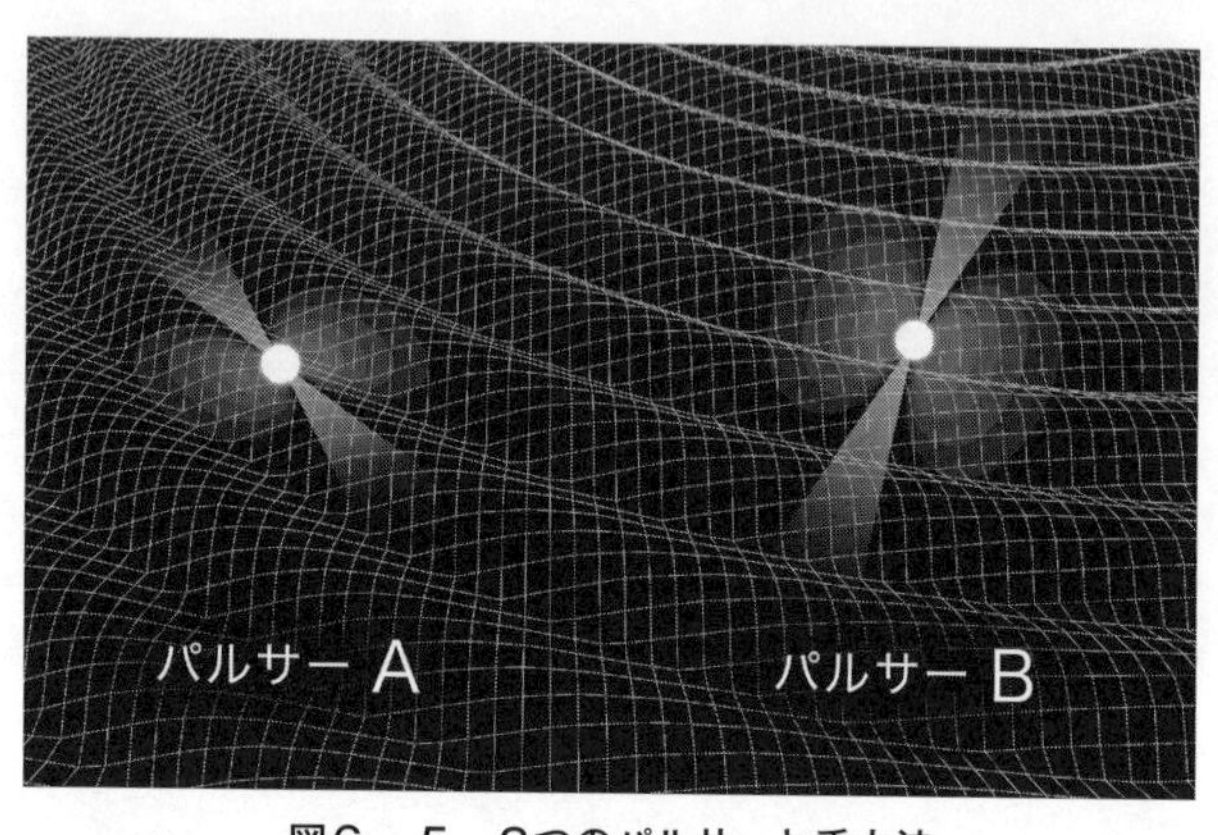

図6－5　2つのパルサーと重力波

地上実験での再現は不可能です。そのため、その内部状態を説明する仮説が複数存在していて、まだ実験的に絞り込めないためです。

それでは、パルサーの振動が理解できるようになるまで、そこからの電波パルスの観測から、重力波を検出することは不可能なのでしょうか。

いいえ、そうではありません。可能なのです。ここでポイントになるのは、パルサーの振動は、そのパルサーに固有のものだということです。つまり、パルサーごとに振動が異なります。

一方、重力波は時空の振動ですから、すべてのパルサーに対して共通です。この共通性が成り立つのは、あるパルサーの近傍だけの重力波ではなく、銀河系にあるパルサー全部に重力波が影響する場合です。つまり、重力波探査で用いられるパルサー間の距離は、数百から数千光年ですから、対象となる重力波がそれらのパルサーにくまなく届くためには、その重力波が数千年以上継続して放出される必要があります（図6－5）。

このような超長波長の重力波を、ＬＩＧＯなどの地上に設置されたＬＶＫ型の重力波望遠鏡で観測することは不可能です。これらの望遠鏡は、数ミリ秒間で連星が合体するような現象で生まれる重力波が対象です。このような数キロヘルツの重力波が継続するのは短期間です。これはバースト型（継続時間がとても短いもの）の重力波に分類されます。一方、パルサータイミング法で狙う重力波は、連続重力波の分類に入ります。

◆ヘリングス－ダウンズ曲線

図6－5のような2つのパルサーを考えましょう。それらからの電波パルスの変動は、それぞれのパルサー自体の変動に起因する成分と重力波による成分からなります。そして、2つのパルサーの変動は互いに無関係です。このとき、2つの電波パルスを長期間にわたって比較すれば（「相関をとる」とよびます）、パルサーの変動は互いに関係ないのでキャンセルしていきます。一方、重力波は両方に共通に寄与しますから、どんどん蓄積します。これが基本的なアイデアです。

1983年、このアイデアを発展させて、具体的に何を測定すれば検出といえるかをはっきり

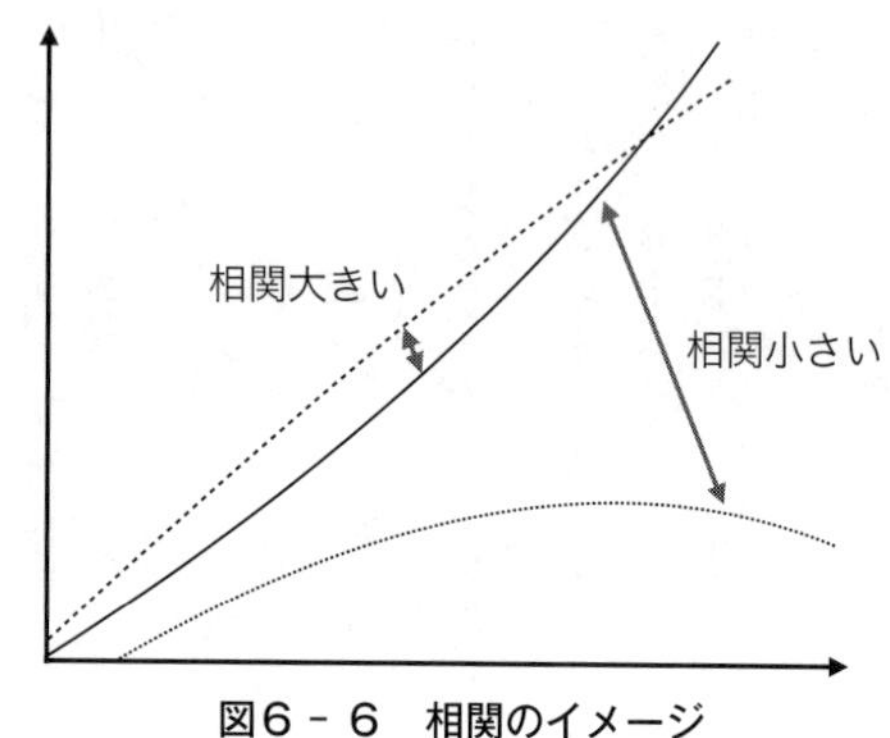

図6－6　相関のイメージ
似たグラフの相関は大きく、異なるグラフの相関は小さい。

と示したのが、ロナルド・ヘリングスとジョージ・ダウンズです。彼らは多くのパルサーを継続的に観測する状況を想定しました。そのうちの2個のパルサーからのパルス周期の変動の相関をとります。両方の変動が似ている場合、相関は正の値となります。とても似ている場合、相関は大きな値となり、少し似ている場合、値は小さくなります。ただし、変動の向きが逆の場合（重力波の場合、一つの方向で伸びて、もう一つの方向は縮むような状況です）相関の値は負になります。ちなみに、両者が無関係な場合、相関はゼロとなります。

図6－6は模式図で、実線のグラフと破線のグラフは似通っていますから、相関は大きくなります。一方、実線のグラフと点線のグラフは大きく異なっていますから、相関は小さくなります。

1個のパルサーでは、パルサー起源の周期変動と重力波起源の変動を区別できません。ところが、2個のパルサーのデータの相関をとれば、パルサー起源の変動は互いに無関係なのだから、その相関はゼロになるはずです。さらに、重力波は両方のパルサーにとって共通に影響するわけですから、それによる変動の相関はゼロとはなりません。つまり、複数のパルサー間に対してパルス周期の変動どうしの相関をとることで、それらのパルサーに共通に影響している物理現象を見つけ出せるというのが、彼らのアイデアです。

では、2つのパルサーを観測して相関をとったとします。このとき、相関の値がゼロではありませんでした。この場合、重力波を検出したことになるのでしょうか。

残念ながら、そうではありません。観測対象のパルサー（厳密にはパルサーからの電波パルス）に共通に影響するものだけでなく、パルサーの観測データに共通に影響するノイズが存在するからです。

たとえば、観測に使用する電波望遠鏡からのノイズなどがそれです。そのためこれらのノイズによる相関もゼロではありません。結局のところ、ゼロでない相関だけでは、「重力波を検出した」という証明にはなりません。一つの証拠とはいえますが、ほかの原因もあり得る状況ですから、極めて弱い証拠と言わざるを得ません。

では、どうすれば重力波を検出したことがわかるのでしょうか。

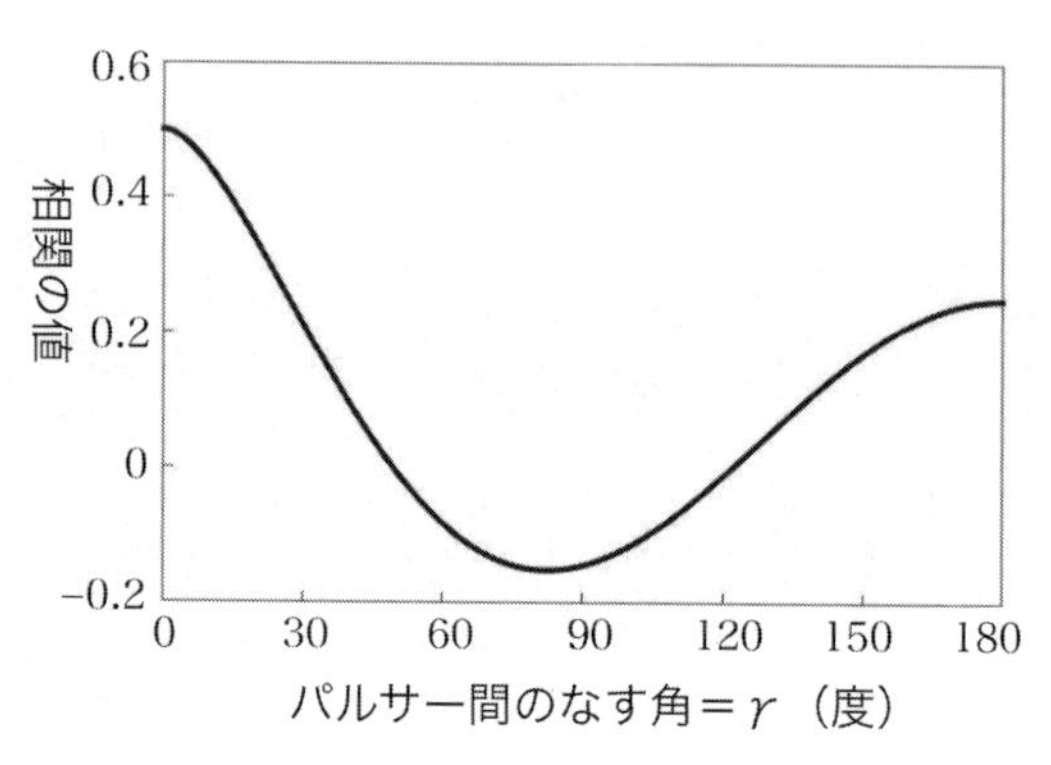

図6－7　ヘリングス－ダウンズ曲線

重力波に関する具体的な数式を用いて、彼らは相関の表式を導出しました。彼らの表式を図示したものが、図6－7です。このグラフは、ヘリングス－ダウンズ曲線とよばれます。横軸が2つのパルサーの間のなす角（地球からみた見込み角）で、縦軸が相関を表します。

実は、このグラフの形そのものが、重力波検出の証明になるのです。本書では計算の詳細を省略しましたが、このヘリングス－ダウンズ曲線は、重力波の表式を用いた結果として描かれたグラフなのです。そのため、ほかの原因によるノイズは、その原因を表現する数式が別のものですから、そのグラフは重力波起源のグラフとは形が異なるはずです。このことから、パルサータイミング観測では、ヘリングス－ダウンズ曲線を得ることが、重力波検出の証明となるのです。

6-3 パルサータイミング法への道

では、どのようなパルサーがパルサータイミング法に向いているのでしょうか。ここまで読まれた方はおわかりだと思います。パルサーの中でも、自転が安定しているパルサーが選ばれます。

観測にとって理想的な安定なパルサーであるミリ秒パルサーが、１９８０年代に発見されました。前述のように、ミリ秒パルサーは自転周期が１ミリ秒以下で高速回転するパルサーです。自転周期が長いパルサーは、星振とよばれる振動によりパルス周期の変化が起き、さらに、長周期で自転するパルサーはたいていの場合、連星となっているため、もう一方の天体からの影響によりパルス周期が安定していないことが知られています。

１９９０年、ロジャー・フォスターとドナルド・バッカーは「パルサー・タイミング・アレイ・プログラム」をスタートさせました。バッカーは、ミリ秒パルサーを最初に発見した人物の一人です。このプログラムがスタートした当時は、３個のパルサーを継続観測するだけでした。

現在では、４つの研究チームがパルサー・タイミング・アレイによる観測を行っています。以降、本書では、パルサー・タイミング・アレイという言葉が頻出するので、これをＰＴＡの略号で表すことにします。5つのチームとは、パークスPTA、ヨーロッパPTA、ナノグラブ、インドPTA、そして中国PTAです。順番に紹介します。

◆世界のPTAチーム

【パークスPTA】 2004年に発足したパークスPTAは、主にオーストラリアの電波望遠鏡を用いるグループです。オーストラリアのニューサウスウェールズ州パークスにある電波天文台を主力とします（図6-8A）。

【ヨーロッパPTA】 ヨーロッパPTAは、ドイツにある直径100メートルのエフェルスベルク電波望遠鏡（図6-8B）、そして、イギリスマンチェスター大学のジョドレルバンク天文台などを用います。ただし、ジョドレルバンク天文台のロベール望遠鏡は1957年建造のため、ユネスコの世界遺産にも登録された「ヴィンテージ級」の電波望遠鏡です。幾度もの改修・改良を経て、まだ現役で頑張っています。ちなみに、3章で説明した人類初のパルサー発見が行われたのが、この天文台です。

【ナノグラブ】 本書の序章でも紹介した、ナノグラブの正式名称は、「北米ナノヘルツ重力波天文台」（North American Nanohertz Observatory for Gravitational Waves）です。このグループも可動式のものとして世界最大のグリーンバンク天文台を擁しています（図6-8C）。

図6-8　世界で行われているPTA観測
A：パークスPTA／パークス電波天文台（CSIRO Parkes Observatory）
B：ヨーロッパPTA／エフェルスベルク電波望遠鏡（Dr. Schorsch）
C：ナノグラブ／グリーンバンク天文台の写真（Geremia）
D：インドPTA／巨大メートル波望遠鏡GMRT（MeganKA）
E：中国PTA／直径500メートル球面電波望遠鏡FAST（中国科学院国家天文台）

【インドPTA】インドPTAは、日本とインドの共同研究で、2016年開始と他の3チームに比べて歴史が浅いです。インドのプネー郊外に設置された巨大メートル波望遠鏡（Giant Metrewave Radio Telescope、略称GMRT）を用います（図6－8D）。波長21センチメートルかそれより長い波長の電波を観測対象とします。主に中性水素からの電波観測を得意とします。

これら4チームは独立に観測を進めてきましたが、技術実証の段階を経て、国際PTA（IPTA）を発足させました。IPTAは、定期的に60個以上のミリ秒パルサーを継続的に観測しています。

【中国PTA】これらとは独立に、2016年に中国は直径500メートルのFASTとよばれる地上最大の電波望遠鏡（地面に掘り下げた固定式のパラボラ）を完成させ、中国PTAを発足させました（図6－8E）。

6-4 PTAが見つけた宇宙の謎

2023年6月28日、前述のPTAの5チームが、それぞれの研究成果を公開しました。序章でも紹介しましたが、さらに詳しくここで紹介します。

この超長波長のナノヘルツ重力波検出の報告は、天文学だけでなく世界に衝撃を与えました。パルサー・タイミング・アレイの観測データを解析した結果として得られた代表的な成果を、あのヘリングス–ダウンズ曲線と解析結果のつじつまが合うという点から、彼らは「重力波の証拠を得た」と報告したのです。

ここで、もし単一の研究グループの研究成果としてこの結果が発表されても、科学者はその成果をそのまま信用することはありません。実験装置の不具合や調整ミス、さらに、データ解析に用いたプログラムのバグなど、さまざまなノイズによる可能性があり得るからです。もちろん、研究グループも発表前にそうした可能性をじゅうぶんチェックし、彼らの結果の正しさを確かめています。それでも、ほかのグループが追実験やデータの再解析を行った結果、最初の結果が再現されなかった例は、科学研究においていくつもあります。つまり、「再現性」が、新しい科学的成果として認知されるうえでは、重要なポイントなのです。

今回のＰＴＡによる成果は、５つのＰＴＡの研究グループが、互いに異なる観測装置を用いて測定を行い、そして各グループ内で開発したデータ解析プログラムを用いて解析した結果が、程度の差があるものの同じ結論になりました。よって、再現性を満足します。いま「程度の差」と書きましたが、これはなにを意味するのでしょうか。パルサータイミング法を用いた重力波検出において、電波望遠鏡の性能以上に重要となる因子は、観測の継続期間なのです。

中国PTAは、まだ数年間のデータしか用いていません。古参のナノグラブのグループは、およそ15年間のデータの蓄積があります。さらに、一部のパルサーに対しては、20年ほど継続的に観測されています。この15年間やそれ以上の期間が、実は、地上からのパルサータイミング観測で重要な意味を持ちます。なぜか、おわかりでしょうか。

その答えは、太陽系内における重力場の時間変動と深く関係します。

太陽系では、太陽の周りを惑星が運動します。このとき、惑星の質量は無視できません。太陽系では、恒星である太陽が質量の大部分を占めます。太陽系で2番目に重い天体は木星で、その質量は太陽質量の約1000分の1です。ちなみに、地球の質量は、太陽の約30万分の1にすぎません。この木星の質量によって、太陽系の重力場は太陽単体が作る重力場からズレます。木星によってずれた重力場によって、パルサーからの電波パルスの周期が変動してしまうのです。この変動の大きさは重力波検出にとって無視できないレベルです。

一方、金星や水星のような軽い惑星の影響は、それらの表面近くを電波パルスがかすめる場合を除いて、おおむね無視できます。そして、木星の公転周期が11・86年です。つまり、太陽系の重力場は、およそ木星の公転周期で変動しているのです。したがって、パルサーからの電波パルスの周期も、およそ12年周期で変動することになります。これより短い観測期間では、この太陽系の重力場の12年周期の変動の影響をきちんと取り除くことが困難なのです。

太陽系の重力場の変動のうち、12年周期の主要な成分の影響を取り除けているのが、ナノグラブの結果だと考えてよさそうです。

6-5 パルサータイミング法の今後への期待

さきほど説明した「2023年6月の発表」において、彼らは「証明」という言い回しを避け、「証拠」といったのには理由があります。

統計的な議論で「標準偏差」という用語がしばしば登場します。そして、それは「シグマ」と発音されるギリシア文字σで表記されます。多数回の実験を行った結果としてある値が得られたとして、その値が出る事象が1シグマ以下だとしましょう。この結果が得られる確率は、68パーセントです。ただし、この68パーセントという数字は、母集団が正規分布に従う場合に成り立ちます。

ここで、正規分布とは、ガウス分布ともよばれるもので、連続的な変数に関する確率分布のなかでも、データが平均値の付近に集積するような分布を表し、自然現象の中にあらわれるバラツキをうまく表現します。（図6-9）。

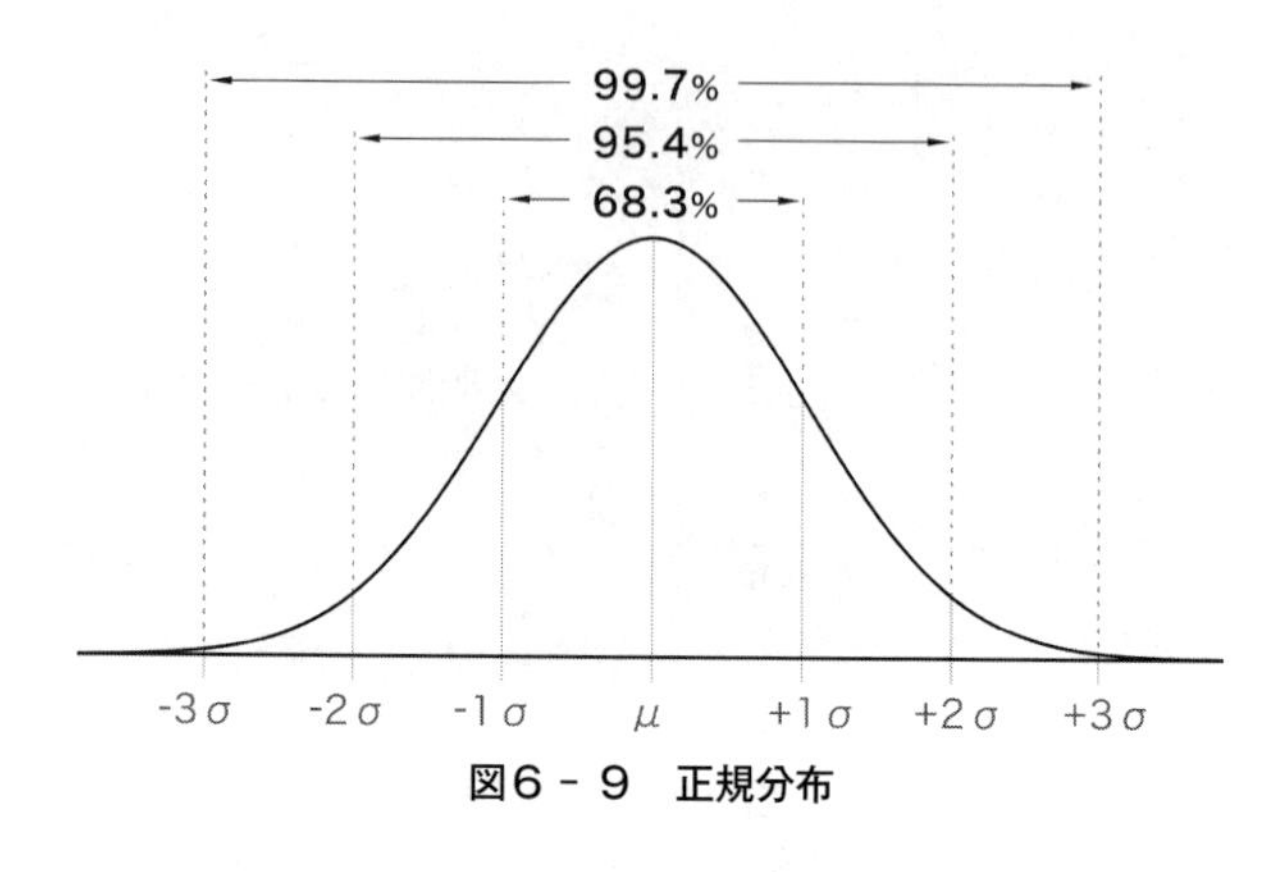

図６－９　正規分布

このシグマの値は大きくなるほど、データの精度は高まります。

さきほどの5つのＰＴＡチームの発表では、インドＰＴＡの結果は比較的小さめの約2シグマの値でした。約95パーセントの確率です。大きな4シグマ程度の結果は、もちろん観測の継続期間がいちばん長いナノグラブが得ました。これは、約99・994パーセントの確率です。日常感覚からすれば、確実に起こるような確率ですが、実験物理学、とくに素粒子実験の分野では、まだ確実とは考えません。残りの０・００６パーセントは、10万回繰り返すと約6回も起こることを意味するためです。素粒子実験の分野で新しい粒子を発見したと主張するには、5シグマが必要だとされています。これは、確率が99・９９９４パーセントの世界です。これは、１００万回繰り返して1回より少ない（つまり、起こらない）状況です。

国際ＰＴＡチームは、彼らのこれまでのデータを持ち寄り、より高い確率で重力波を検出することを目指しています。そのため、5シグマが当面の目標です。また、観測対象となるパルサーの個数が増えることで、相関をとるペア数が増えるため、検出精度を高めることも可能になります。

国際チームにはもう一つ重要なポイントがあります。国際PTAに参加した3つのチーム（ヨーロッパPTA、ナノグラブ、インドPTA）は北半球にある電波望遠鏡を用いるため、そこから見えるパルサーしか観測できません。つまり、南天にあるパルサーの多くは観測対象外でした。しかし、パークスPTAは、オーストラリアにある電波望遠鏡を用いるので、それら南半球から見えるパルサーこそが主たる観測対象となります。

このため、個々のPTAチームのデータに比べて、国際PTAのデータはパルサーの個数が多く、さらに、原理的に全天にあるパルサーを用いるため、たとえば、ヘリングス－ダウンズ曲線との比較で登場するパルサーの組み合わせの数が格段に大きくなります。これによって、検出精度が向上することが期待できます。

◆新たなミリ秒パルサーの発見と観測

さらに、近い将来、PTAで用いることができるミリ秒パルサーの個数が増えることが期待されています。それは、さきほど紹介したアフリカとオーストラリアに新設されるSKAのおかげです。多数の検出器の合計としての有効面積は1キロメートル平方なので、電波信号が弱くてこれまで未検出だったミリ秒パルサーが多数、発見されることでしょう。

SKAが稼働すると、第1期の段階で、新たに1万個以上のパルサーが怒濤のように発見され、そのうち1000個以上がミリ秒パルサーではないかと見積もられています。ただし、その1000個以上のミリ秒パルサーのすべてがPTAに使えるわけではありません。そのなかでも電波パルスの周期が安定なもの、つまりミリ秒パルサーで自転が安定なものだけです。しかし、仮にそれが2割程度あったとしても、200個以上のミリ秒パルサーが新しく使えるようになります。現在のPTAが数十個のミリ秒パルサーで観測していますから、観測するパルサーの個数は一気に数倍に増えます。

PTAではパルサーのペアの相関が重要でした。そのペアの数は、用いるパルサーの総数の2乗に比例します。パルサーの個数が仮に5倍に増えれば、ペア数は25倍にもなります。断然、PTA観測の精度が上がります。

さらに、SKAの第2期では、3000個ものミリ秒パルサーが発見されると考えられています。SKA観測時代になれば、PTAでの観測対象となるミリ秒パルサーの個数は驚くほど増えて、もちろん、重力波観測の精度も高まります。

また、SKAは空間分解能も高いため、より高解像度で銀河系内の中性水素の分布、これによって、ＰＴＡにおける前景の理解も進むことでしょう。さらに、パルサーまでの距離も正確に定めることができます。これによって、パルサータイミング法を用いた重力波の位置測定精度が非常に向上します。

これにより、より高い解像度での超長波長の重力波を捉えることができ、宇宙の初期に起きたとされるインフレーションの痕跡である原始背景重力波や、太陽質量の数億倍ともなる巨大質量天体の存在の謎を解明できる日が来るのではないかと期待されています。

今回の国際ＰＴＡチームによって報告された重力波の存在。それはどのような重力波源から生まれたものなのでしょうか。それについては8章で考察しますが、その前に、パルサータイミング法と違う、超長波長の重力波を観測する方法を紹介したいと思います。

7章 もう一つの重力波観測

位置天文学で見える宇宙

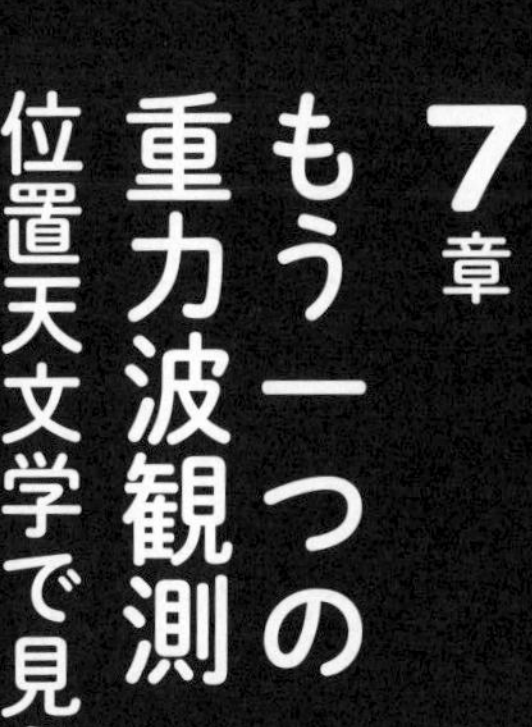

6章では、パルサーという超精密時計を用いて非常に長い波長のナノヘルツ重力波をさぐる方法を紹介しました。実は、このパルサータイミング法だけが、非常に長い波長の重力波を探索する唯一の手段ではないのです。本書の主題ではありませんが、この章では、銀河系内の地図作りを紹介します。この重力波と関係がなさそうな地図作りが、重力波探索と関係し、もう一つの銀河系サイズの重力波望遠鏡になることを説明したいと思います。

そもそも、前章で紹介した電波望遠鏡は、パルサー観測による重力波を検出するために建設したのではありません。本来は、星間物質や銀河などの研究を主な目的として建造されたものです。それをパルサーの継続観測に用いることで、これまでにない科学探究を行えるようになりました。それがパルサータイミング法です。

それと同様に、ここで紹介するもう一つの重力波検出法も、まったく別の天文学的な目的のために作られた観測装置を用います。それが位置天文学専用の人工衛星です。

位置天文学とは、読んで字のごとく、天体の位置を測量する天文学における一つの分野です。近年は、天体の位置だけでなく、速度などの測定も含むより広い研究分野として、位置天文学の代わりにカタカナ表記で「アストロメトリ」とよばれることも多くなりました。

まず、位置天文学について簡単に紹介した後、位置天文学を用いてどうやって重力波を探索するのかを説明したいと思います。

7-1 地球の公転と星までの距離

よく、あの星は○光年離れています、という話を聞きます。でも、光速でも何十年……何億年とかかる天体までの距離をどのようにして測量しているのでしょうか。さらに、その位置を定めるには、どうすればいいでしょうか。

天体を見ただけで位置が決まるでしょうか。当然、1回見ただけでは、天体の方向しかわかりません。さらに、距離はどうやってわかるのでしょう。

たとえば、身近な物体であれば、物体に光を当てて反射された光を検出すれば、その光の往復時間から、その物体までの距離を推定できます。これは、レーダーの基本原理と同じです。実際、太陽系内の惑星、たとえば、金星や火星などに対しては、光（電波）を送って反射を調べることで、惑星表面までの距離がレーダー測量されています。しかし、何十光年も離れているような遠い天体までレーダー測量することは不可能です。もちろん、星からの光が地球に届くまでの

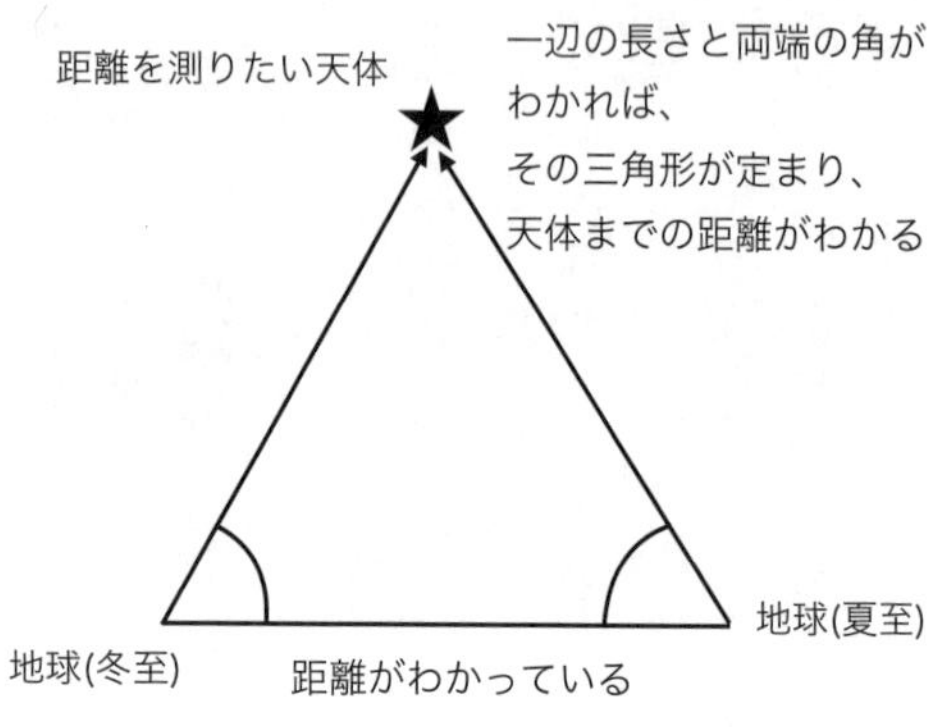

図7－1　三角測量の概念図
2ヵ所から見ることで、物体の位置がわかる。

時間がわかれば、「届くまでの時間に光速を掛ける」ことで、その星までの距離を算出できます。しかし、いつ星を出た光かわからないため、この方法は使えません。

◆三角測量による距離の測定

太陽系に近い天体までの距離を測定する際に役に立つのが、三角測量の原理です（図7－1）。

太陽のまわりを地球は公転しています。そのため、時期によって太陽系に近い恒星の見かけの位置は異なります。この公転による見かけの方向の変動を「視差」とよびます。地球の公転軌道はよくわかっていますから、三角測量の原理を用いれば、太陽系付近の恒星までの距離を測ることができます。

19世紀初頭、ドイツの天文学者フリードリッヒ・ベッセルが、はくちょう座61番星とよばれる恒星の視差

図7－2　ヒッパルコス衛星
（ESA）

を測定しました。その視差は0・3秒角でした。ここで、秒角とは、角度の単位です。角度の1度を60分割して「1分角」が定義され、その1分角の60分の1が「1秒角」です。つまり、1秒角は3600分の1度です。これより、地球からその天体までの距離が約11光年であることがわかりました。

その後、19世紀末までにおよそ60個の太陽系近傍の恒星までの距離が視差によって測定されました。さらに20世紀に入ると、望遠鏡は大型化し、観測精度が向上します。しかし、天体の方向の測定精度の改良には限度がありました。なぜなら、地上には大気が存在するからです。前にも書きましたが、大気中の水蒸気などは星からの光を吸収・散乱します。そのため、天体の方向をより精度よく測定するためには、空気が存在しない宇宙空間から観測するのがいちばんです。

そこで、天体の位置を精密測定することを主な目的とした、アストロメトリ専用の衛星を欧州宇宙機関（ＥＳＡ）が１９８９年に打ち上げました。その衛星は、ヒッパルコスと命名されました（図７－２）。ヒッパルコスとは、古代ギリシアの有名な天文学者で46

星座の決定や春分点の移動の発見などの業績が知られています。ヒッパルコス衛星は、観測を始めてから4年間で11万8218個もの恒星の位置などを測定しました。これによって、太陽系近くの恒星の3次元地図が正確に得られました。

そのヒッパルコス衛星を用いた位置決定精度は、0.001秒角程度です。明るい恒星の場合、たくさんの光が検出器に集まるので、その恒星からの光の中心位置が精度よく決まります。一方、暗い恒星の場合、届く光が少ないので、その恒星からの光の中心位置がぼやけて精度よく決まらないのです。

7-2 遠い天体を調べるには

天体までの距離と位置決定精度の関係を定量的に説明するため、具体的な数値を出しながら、天文学でよく用いる単位系を少し紹介します。

太陽と地球のあいだの平均距離が、天文観測で基本となる長さです。その平均距離を由来として、2012年の国際天文学連合総会にて「1天文単位」が定義されました。1天文単位は約1億5000万キロメートルです。

この地球の公転半径を基線として測る視差（同一の静止している天体が見える方向の差）を

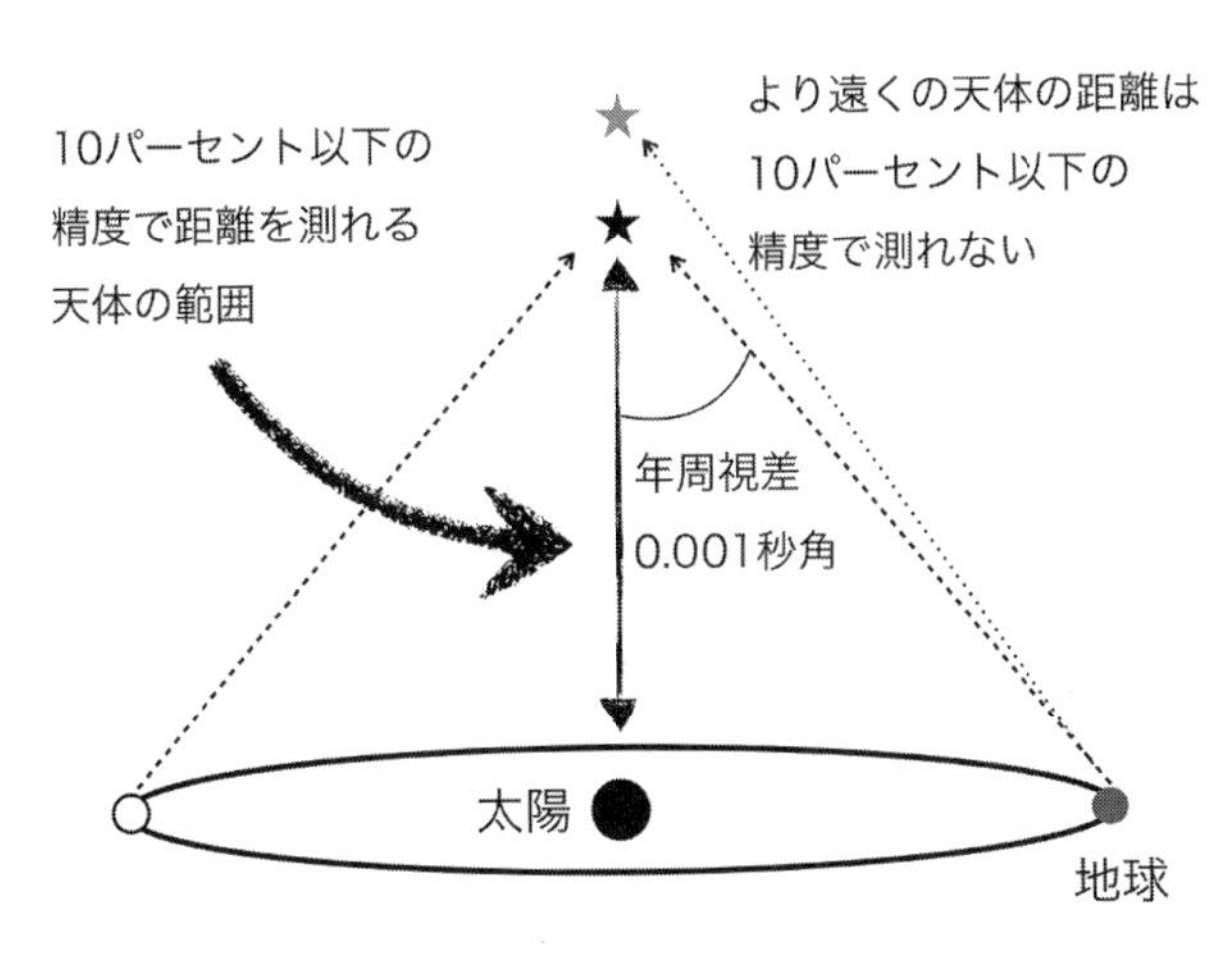

図7－3　年周視差

「年周視差」とよびます。年周視差がちょうど1秒角となる天体までの距離を「1パーセク」とよび、天文学における距離の重要な単位の役割を果たします。

　太陽系内の天体、たとえば木星の公転半径などを表示するには、天文単位を用いると便利ですが、太陽系の外の天体、たとえば、我々から天の川銀河内の恒星までの距離などは、パーセク単位で表示すると便利です。この場合、数パーセクから、数万パーセクまでの範囲です。

　さて、ヒッパルコス衛星を用いた年周視差決定精度が典型的に0・001秒角だとしましょう。誤差10パーセントの精度でその距離を測れる天体は、地球から約100パーセクまでの範囲になります。太陽系は銀河系の中心から約10

キロパーセクの位置にありますから、ヒッパルコス衛星で距離を精密に測定できた恒星は太陽系の近傍の星までで、銀河系のほとんどの恒星の位置は精度よく求められなかったのです。

天の川銀河の恒星の分布、そしてそれらの運動を理解することは、天の川銀河の成り立ちを知る手がかりにつながります。さらに、ダークマターとよばれる未知の物質を探ることにもつながります。これらは現代天文学における重要な課題です。そこで、ヒッパルコス衛星をグレードアップしたアストロメトリ専用の宇宙望遠鏡の登場が期待されていました。

図7－4　ガイア衛星
（D. DUCROS/ESA）

前述のように、我々から見て銀河系中心までの距離は約10キロパーセクです。その辺りにある星々までの距離を10パーセントの精度で測定するには、少なくとも0・00001秒角程度の位置決定精度が必要となります。これは、ヒッパルコス衛星の位置決定精度の約0・001秒角と比べると2桁も小さいものです。その要求精度を達成するような衛星観測が成功するまでには、およそ20年の歳月が必要でした。

◆ガイア衛星と天の川銀河の地図

その衛星が、2013年に欧州宇宙機関が打ち上げたガイア衛星（図7－4）です。

その衛星は現在も運用されています。ガイア衛星は、約20億個近くもの恒星を観測し、その位置を測定するために稼働しています。極めて明るい恒星に対しては、その天体の方向の測定精度は約0・000007秒角です。そして、我々の銀河中心近くの恒星までの距離を10パーセントの精度で測定できるように設計されています。これだけの高精度で天体の位置を測定できるため、重力場中の光の曲がりの測定から、一般相対性理論の検証にも貢献することが期待されています。

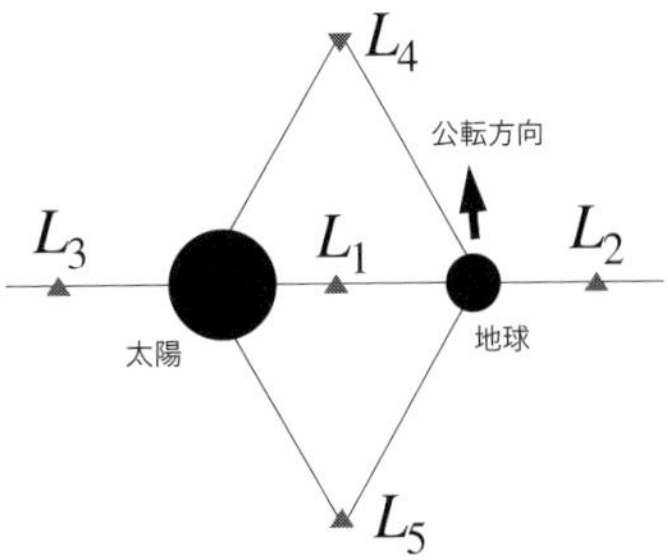

図7－5　ラグランジュ点L_2の位置関係

ちなみに、ガイア衛星は、太陽－地球のラグランジュ点L_2の近くにとどまって観測を行っています（図7－5）。ここでラグランジュ点とは、質量を持つ2つの天体（この場合は太陽と地球）が相互の重心の周りを回っている中に、3つ目の小質量天体（この場合はガイア衛星）を配置したとき、2つの天体からの重力と円運動する小質量天体に働く遠心力がつり合う点のことをよびます。太陽－地球のラグランジュ点は5つあることがわかっていますが、このうちの1つがL_2点です。

この場所は、衛星から見て太陽と地球が常に同じ方向にあるため、太陽光の影響を制御することが比較的容易となり、熱的に安定な観測が可能となります。太陽からの光が直接当たると、衛星の本体や装置の温度が上昇し、それにより精度の高い観測が難しくなります。

7-3 銀河系内の星の運動を測る

ガイア衛星は、銀河系内の星の位置と運動を観測から決定します。星の運動には、いろいろな種類があります。ここでは、代表的な二つの状況を考えましょう。

一つは、その星が単独の天体で、銀河系内を漂っている場合です。このとき、この星は銀河系内のすべての天体からの重力を受けて運動します。おおまかに、その星は銀河系内を円運動すると近似しましょう。その円運動における公転半径は、典型的には銀河系のサイズ程度になります。それは数万光年です。

実際の銀河系内の星の速さは、秒速200キロメートル程度です。1年間で移動する距離は、40天文単位より少し大きいくらいです。この距離は、さきほどの数万光年より8桁も小さいで

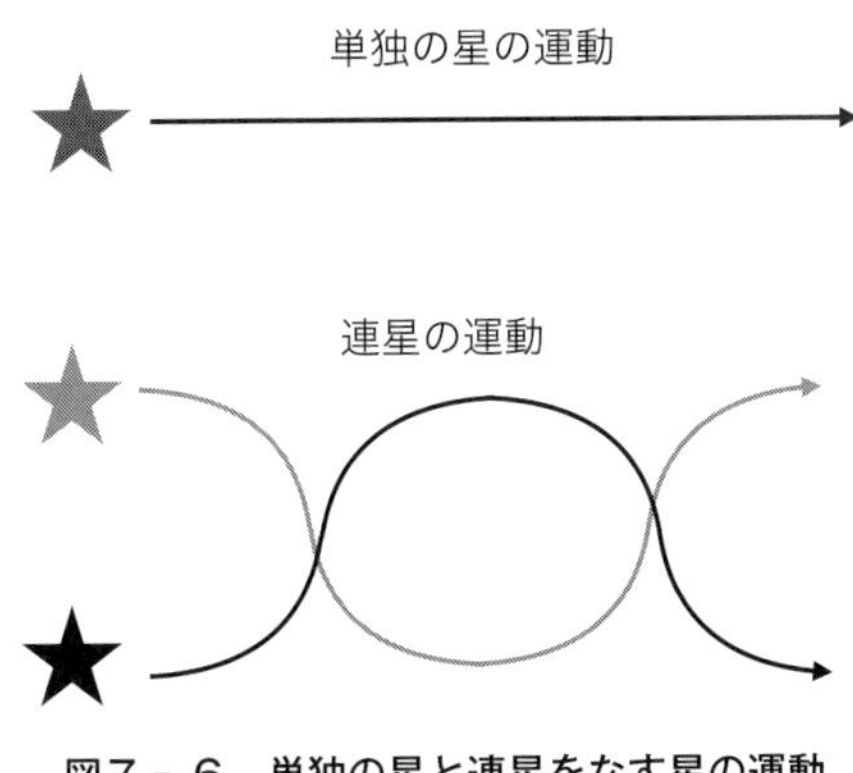

図7－6　単独の星と連星をなす星の運動

す。よって、1年間観測しても、その星の円軌道の大きさは測れず、むしろ直線運動しているようにしか見えません（図7－6・上）。

二つ目の状況は、その星が別の星と連星を構成している場合です。この場合、連星ですから、その星は別の星からの重力を受けて運動します。いわゆる、ケプラーの楕円軌道を描くような運動をします。ここでは簡単のため、その連星の公転周期を1年とします。

この場合、図7－6・下のように、1年間観測すると、その星は公転運動することがわかります。

実際には、銀河系に存在する連星の運動は、連星としての公転運動とその連星の銀河系内での運動を合わせたものになります。そのため、ガイア衛星による1回の測定だけでは、観測対象の星がどういう運動をしているかはわかりません。そもそも、1回の測定ではその星までの距離さえわかりません。しかし、ガイア衛星は太陽を周回して、年周視差からその星までの距離を測定しているのです。すでにおわかりのように、年周視差の基本原理は、複数の時期に違う位置から同一の対象を観測して、その見える方向の違いを測定することでした。見える方向の違いから、星までの距離を求めているのです。

7-4 地図の「ぶれ」から重力波を探す

銀河系内の星は各々、その他の天体からの重力の影響を受けて運動しています。そして、5、6章で考察したような非常に長い波長の重力波が、天の川銀河を通過しているとしましょう。その重力波の起源は、4~5章で紹介したような宇宙初期のインフレーション現象や超大質量のブラックホールが連星をなしたもののどちらでもかまいません。

これまで見てきたように、重力波によって空間は伸び縮みします。重力波によって変位が生じるのは、重力波が横波のためですから、これは進行方向に垂直な面内です。

1章を思い出してください。一般相対性理論は等価原理を満たします。このことは、ある1点を観測しても、それだけでは重力の強さ、そして重力の存在そのものはわからない、ということを意味します。このことから個々の天体の運動だけを測定しても、重力の影響を抽出することはできません。

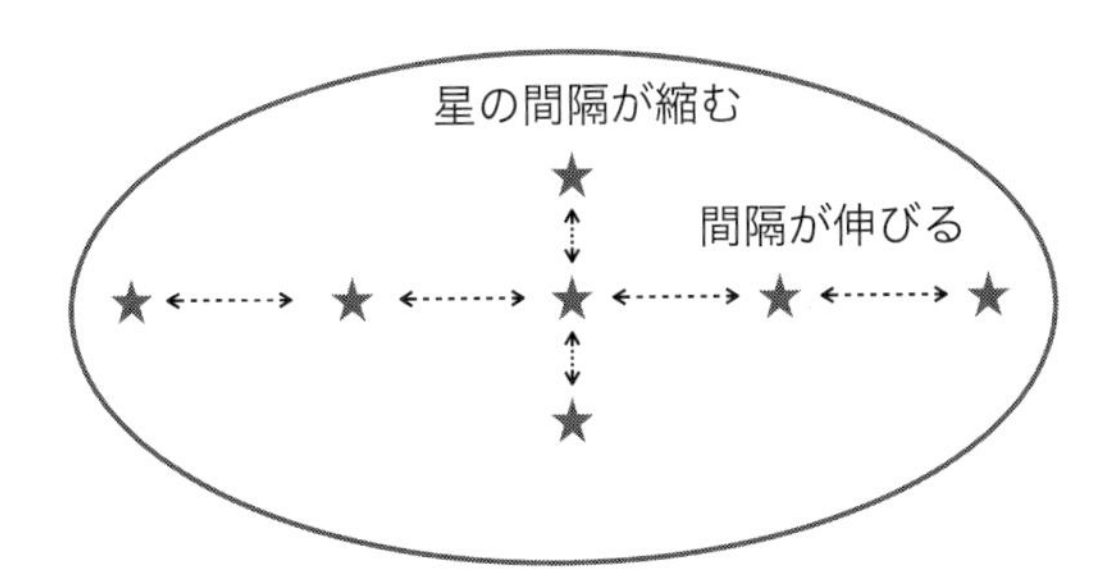

仮定：重力波(プラスモード)が紙面に垂直に通過

図7－7　重力波による銀河系内の星の見かけの運動の概念図

実際には、単独の星の場合は銀河系内の重力による運動、そして連星の場合は連星としてのケプラー軌道を公転する運動が支配的です。ある星を観測して、あるいは、ある連星の観測をしても、その観測だけから重力波の影響を取り出すことは不可能なのです。

図7－7を見てください。これは重力波がこの紙面に対して垂直に通過したときの、銀河系内の星々の見かけの運動を概念的に表したものです。重力波の影響は、ガイア衛星から見て、星どうしの間隔がある方向には伸びるような、それとは垂直方向には縮むような動きとなります。

重力波は重力の影響が変動する現象です。そのため、重力波を検出するには、少なくとも重力波の波長程度に離れた星どうしの運動を測量する必要があります。この事情は、ちょうどパルサータイミング法で地球とパルサーのあいだの距離が重力波で伸び縮みする現象を、パルサーの到着時刻のずれとして、重力波の影響を検出することに似ています。

では、とても精度よく星の位置を観測できればどうでしょうか。お互いに離れた星の間の位置の変動から、重力波を検出できるのではないでしょうか。もちろん、実際の星の運動は特定の方向でなくランダムな向きのはずですが、多数の星を観測すれば、統計的に平均を取ることで、そうしたランダムな運動はほとんどキャンセルできるはずです。このように、銀河系内の超精密な星の地図を作ることができれば、そこから重力波による影響を抽出できると期待されます。

◆ガイア衛星を重力波検出に

さきほど見たように、重力波の伸び縮みは、その重力波の進行方向に垂直な面内で起こります。その垂直な面内で考察すれば、ある方向の星の間隔は伸びて、それに垂直な方向の星の間隔が縮むように見えるはずです（図7－7）。

もちろん、ある瞬間の天体撮影では、重力波の存在を判断できません。数年間観測を継続させ、その期間で伸び縮みが生じているかどうかを観測データから探すのです。対象となる重力波の周期は数年スケールですから、その波長は数光年です。ちょうど、ＰＴＡが対象とする重力波の波長と同程度です。

そこで、いま可能性として考えられているものが、前出のガイア衛星を用いた重力波の検出です。

ガイア衛星から得られた天体の位置情報を、非常に遠くの天体（通常はクェーサー）を宇宙における固定点として、膨大な画像データをつなぎ合わせて精密な銀河系内の星の地図を作り、その変動を調べることで重力波を検出するという方法です。

現在までのところ、ガイア衛星は重力波の兆候を報告していません。PTAと同様に、ガイア衛星はそもそも重力波検出器ではありません。また、ガイア衛星と地球は太陽の周りを公転しています。さらにガイア衛星自体が自転運動をしています。これらの複雑な回転運動をしているため、ガイア衛星による観測ミッションの途中の段階では、大きなサイズ、たとえば、銀河系スケールでの変動を精度よく決めることが苦手だといわれています。今後、ガイア衛星の観測ミッションが終了した時点で、信頼性の高い結論が重力波探査に対して与えられると考えられています。

もう少し補足をしましょう。銀河系の地図に掲載されるような天体は、ガイア衛星から見える方向が時期によって変動します。さきほどの年周視差と同じ理屈です。一方、クェーサーのような天体は、地球からの距離が10億光年を超えるため、たとえば1天文単位だけ移動して（地上の春分の日と秋分の日の2回）観測しても、そのクェーサーの見える方向の違いは、1天文単位を10億光年で割った程度の角度にしかなりません。この角度は、およそ10^{-9}秒角、つまり1ナノ秒角です。ガイア衛星の角度精度は、非常に明るい恒星に対して10マイクロ秒角程度です。ただし、ガイア衛星の画像の精度はもっと悪いのです。非常に明るい恒星の場合、多数の光子が検出器に届き、統計的処理の結果、それらの光子を放出する天体の位置（観測方向）が精度よく求まるのです。暗い恒星の場合には、位置の決定精度は悪くなります。

7-5 今後の衛星観測計画

2028年を目標に、日本初の赤外線位置天文衛星「JASMINE（ジャスミン）」の打ち上げ計画が進められています（図7-8）。この衛星が日本として初めての位置天文観測専用の衛星となります。外国の位置天文衛星であるヒッパルコスやガイアは、可視光での観測です。しかし、可視光は物体による吸収を受けやすい性質があるため、物質濃度が高い（それでも十分薄いのですが）銀河系の中心を観測するのは困難です。この問題を解決するため、ジャスミン衛星計画では、銀河系中心に分布する塵（ちり）の影響を受けにくい赤外線を用いて観測します。

打ち上げに成功すれば、世界初の赤外線を用いた位置天文観測衛星になります。これにより、ガイア衛星では測定できなかった銀河系中心領域での星の正確な地図が作成されることが期待されています。

もちろん、これまでのガイア衛星の観測データとジャスミン衛星のデータとをうまく組み合わせることができれば、重力波探査も行えるでしょう。

◆ナンシー・グレース・ローマン宇宙望遠鏡

また、米国のNASAは、ナンシー・グレース・ローマン宇宙望遠鏡の打ち上げを2027年に計画しています。その設計はすでに完了しています。NASAは、2021年、ジェイムズ・ウェッブ宇宙望遠鏡を打ち上げました。こちらは近赤外線から中赤外線を中心にした望遠鏡ですが、ナンシー・グレース・ローマン宇宙望遠鏡は近赤外での微弱な天体観測を得意としています。近赤外とは、赤外線のうち比較的波長の短いものです。この利点を活かして、非常に遠くの超新星爆発を検出しようとしています。これは、天の川銀河からはるか離れたところ、数十億光年かそれ以上の距離も離れた場所での話です。

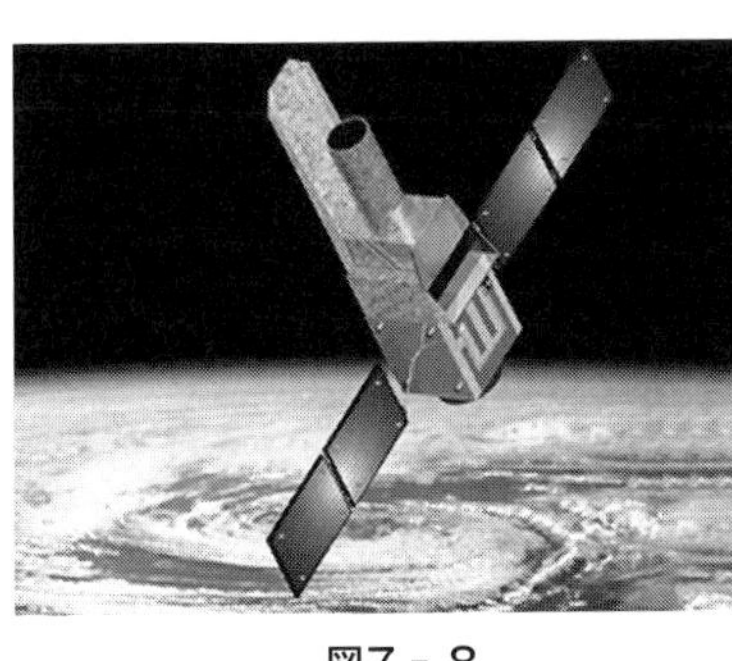

図7－8
赤外線位置天文衛星「JASMINE」（JAXA）

非常に遠くで起こる超新星爆発で発せられる光は、宇宙の膨張のために、地球にその光が届くまでに波長が引き伸ばされます。その結果、可視光よりも近赤外の波長領域での観測が、非常に遠くの超新星爆発の検出には向いています。

さらに、この望遠鏡の売りの一つが広視野カメラです。ハッブル宇宙望遠鏡に比べて100倍も視野が広いです。超新星爆発は宇宙のどこでいつ起こるかわかりません。広い視野を撮影できるので、検出効率が格段に向上します。もちろん、微弱な光を検出する素子もハッブル宇宙望遠鏡のものと比べて改良されています。この観測の究極の目標は、宇宙の加速膨張に関するダークエネルギーの正体を明らかにすることです。

そして、ナンシー・グレース・ローマン宇宙望遠鏡のもう一つの大きな目標が、可視光では検出できない、低温の天体、たとえば、系外惑星の検出です。巨大な木星型の系外惑星は従来の望遠鏡でも検出できましたが、地球型の暗く小さな惑星の検出はこれまで非常に困難でした。この目的のために、コロナグラフという観測装置を搭載する予定です。コロナグラフは、日食のとき以外にも太陽の表層（とくにコロナとよばれる部分）を観察することができるように開発された装置のことです。望遠鏡の焦点面に太陽像と同じ視直径になるように遮光用の円盤を置いて、太陽面からの明るい光を遮り、コロナからの微弱な光を観察できるようにするものです。

ナンシー・グレース・ローマン宇宙望遠鏡におけるコロナグラフの役目は、主天体（この場合は恒星）からの光を隠して、その近傍からの微弱な光を検出できるようにすることです。もちろん、その近傍からの微弱な光は、その恒星の周りの系外惑星が発している可能性があります。こうした新しいタイプの系外惑星を発見するため、多くの銀河系内の恒星を継続的に観測する予定です。

この観測により、銀河系内のいくつかの恒星の運動も正確にわかるようになります。この点は、ガイア衛星による地図づくりと同様です。よって、ナンシー・グレース・ローマン宇宙望遠鏡の長期間の観測データからも、重力波の兆候が探査可能となる予定で、理論的な予測がすでに提案されています。

8章
宇宙のはじまりを見る
ナノヘルツ重力波の正体と未来の宇宙観測

６章ではＰＴＡによって周期がナノヘルツの重力波の証拠が見つかった話を紹介しました。さらに、国際ＰＴＡのおかげで、重力波検出が確実（統計での５シグマ）になる日も近そうだということにもふれました。

さて、そうなると、検出される超長波長の重力波の起源が何なのか大変気になります。４章で説明したインフレーション期に生成された背景重力波なのでしょうか。それとも巨大ブラックホール連星などの合体によるものなのでしょうか。さらには、人類が未発見の重力波を生み出す現象が存在するのでしょうか。

国際ＰＴＡの観測で検出が期待される重力波源の有力候補を考えてみましょう。

8-1 謎の超長波長重力波の正体は

ナノグラブチームなどが報告しているパルサーからのパルス変動の大きさは、多くのインフレーションの理論模型が予言する背景重力波による変動よりも大きいようです。だからといって、背景重力波の可能性は現時点では棄却できません。報告されている変動の大きさを再現するように、モデルパラメータの値を調整できるインフレーションの理論模型が存在するからです。

しかし、ナノグラブチームなどの解析結果によれば、どうやら、今回見つかった重力波は、巨大ブラックホール連星からの重力波のほうが観測データとより整合するようです。

パルサーからの電波パルスの到着時刻に変動が生じている原因が重力波である根拠は、6－2節で見たヘリングス－ダウンズ曲線でした。しかし、ヘリングス－ダウンズ曲線は万能ではありません。

重力波起源であれば、その重力波生成の原因によらずに、観測結果からヘリングス－ダウンズ曲線が再現されてしまうのです。つまり、ヘリングス－ダウンズ曲線は重力波の証拠ではあるのですが、その曲線だけでは重力波の発生原因を特定できないのです。

では、どのようにその発生源を調べているのでしょうか。

重力波源の識別において便利なのが、横軸に重力波の振動数（周期の逆数です）、縦軸にその強さを表した「スペクトル曲線」といわれるものです（図8－1）。

たとえば、そのスペクトル曲線が振動数についてのべき関数で近似できるとしましょう。べき関数というのは、$y=x^a$のようにべき乗で表される関数のことです。たとえば、振動数の2乗に正比例するといったような場合があります。実際の重力波検出装置においては、観測できる振動

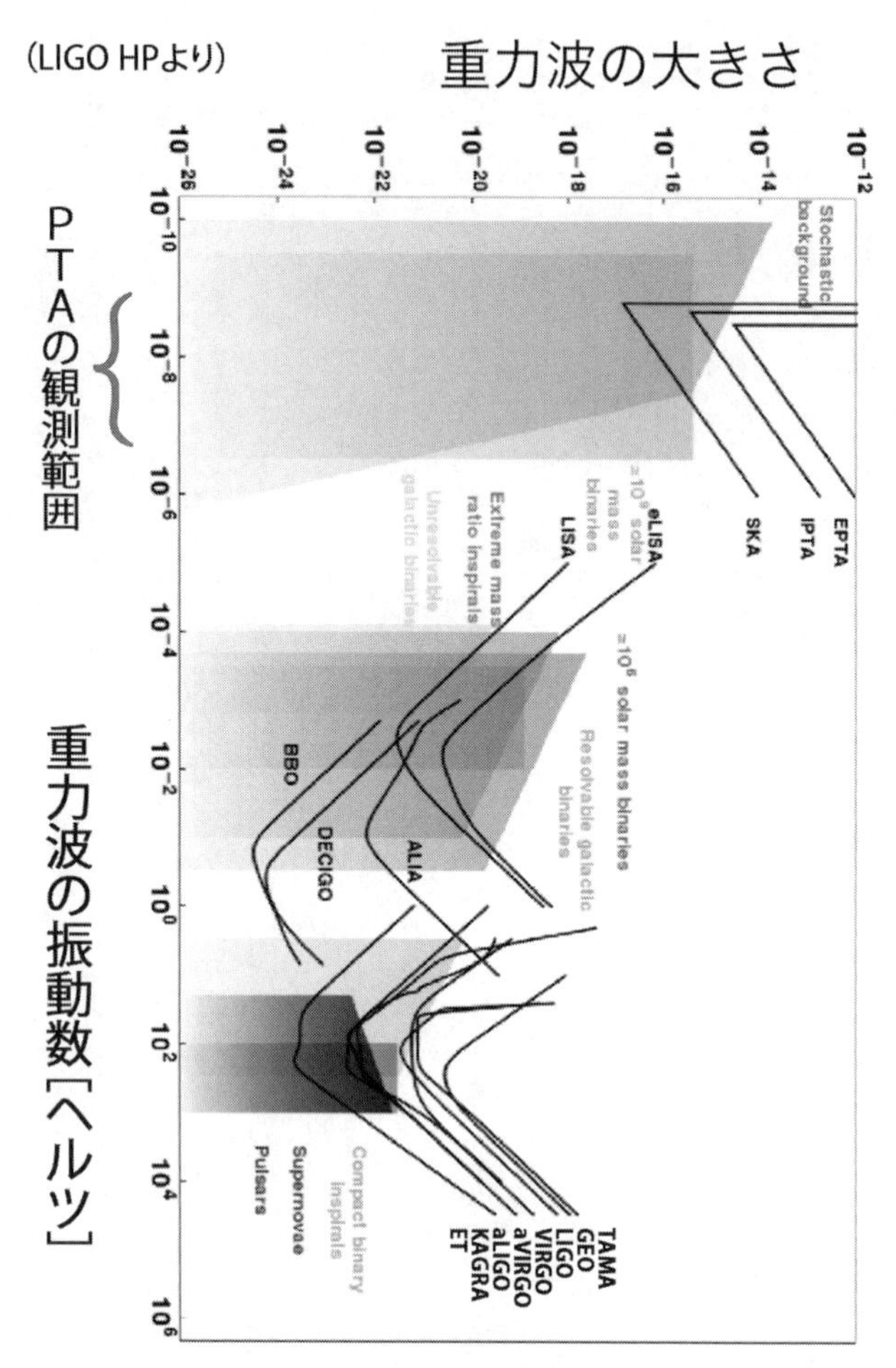

図８－１　予想される重力波と観測範囲

横軸が重力波の振動数、縦軸はその大きさ。PTAの観測範囲では、インフレーション起源と巨大ブラックホール連星起源の重力波が主に期待されている。黒色の実線は各検出器の観測限界を表す。

数の範囲が限られているため、こうしたべき関数での近似はよい結果になることが多いです。

「インフレーション期に生成された背景重力波」と「巨大ブラックホール連星からの重力波の重ね合わせ」では、観測される重力波のスペクトル曲線の形が異なります。ここで、注意しておきたいことは、巨大ブラックホール連星からの重力波の重ね合わせは、単独の巨大ブラックホール連星からの重力波ではないということです。宇宙のあちこちの銀河の中心に存在するであろう巨大ブラックホール連星から放出される重力波が、いろいろな方向から天の川銀河を通過し、観測される状況です。つまり、その複数の重力波の影響を足し合わせたものだという意味です。

２０２３年6月に、ナノグラブなどの複数のＰＴＡチームが報告した観測結果のいずれもが、巨大ブラックホール連星からの重力波の重ね合わせの方が観測データとより整合するというものでした。しかし、現在の観測データでは、決定的なことはわかっていません。今後、国際ＰＴＡで検出される重力波の生成原因を特定することが急務となっています。

8-2　重力波の振幅から重力源を調べる

巨大ブラックホール連星からの重力波が、ＰＴＡ観測での重力波の有力候補だと述べました。

一方、2章で見たとおり、ＬＩＧＯなどで検出された重力波のほとんどが、ブラックホール連星の合体でした。そのブラックホールの質量は、太陽質量の10倍から100倍程度です。それらの合体直前に放出される重力波の周期は、1ミリ秒程度の極めて短いものです。もちろん、このような短波長の重力波はパルサータイミング観測の対象外です。

LIGOなどで観測したブラックホール連星は公転半径が短いので、放出される重力波はそんなに短いのです。もしもその公転半径がもっと長ければ、具体的には10天文単位（太陽と地球の距離の10倍）くらいであれば、そのブラックホール連星の公転周期は10年程度になりますから、そこで生成される重力波の波長は10光年ほどになります。この波長は、ちょうどパルサータイミング法での観測可能領域に入ります。

それでは、太陽質量の10倍から100倍程度のブラックホールから成る連星で、ナノグラブなどのPTAチームの観測結果を説明できるのでしょうか？

答えは、ノーです。その観測結果は、波長だけで説明されるものではありません。重力波の振幅にも関連します。重力波検出に特化して開発されたLIGO等の地上型レーザー干渉計の感度は非常によく、パルサータイミング観測より何桁も優れています。

そのため、遠くの（天の川銀河から離れた）太陽質量の10倍から100倍程度のブラックホールから成る連星が合体する際に放出された重力波が地球に届くときに、小さな振幅になっているにもかかわらず検出できたのです。感度が劣るパルサータイミング観測は、もっと大質量のブラックホールが作り出す振幅が大きな重力波でないと捉えられないのです。

おおよそ、放出される重力波の振幅は、同じ質量のブラックホール連星の場合、その公転半径に反比例します。先ほどの太陽質量の10倍から１００倍程度のブラックホール連星の場合、合体直前の公転半径は１００キロメートルくらいです。10天文単位の公転半径はキロメートルに換算すると10億キロメートルほどです。つまり、重力波の振幅が、合体直前のものに比べて、後者の場合は１０００万分の１にしかなりません。合体直前に放出される重力波でさえ、地上型レーザー干渉計を用いて何とか検出できるレベルです。それよりも検出感度が数桁以上も低いパルサータイミング観測で、合体直前の振幅が１０００万分の１しかない重力波はとても検出できません。

一方、放出される重力波の振幅は、公転半径に反比例する以外、ブラックホール連星の質量にも依存します。具体的には、振幅が質量に正比例します。先ほどの見積もりのように、公転半径が大きいために振幅が１０００万分の１まで小さくなりそうでも、質量が十分に大きければ、観測される振幅が大きくなります。ちょうど、巨大ブラックホールの連星が、こうした条件を満足できるため、パルサータイミング観測の対象になり得ます。

8-3 宇宙で観測する重力波

本書の執筆時点では、ナノグラブなどの観測結果が、最終的に巨大ブラックホール連星からの重力波の重ね合わせで完全に説明されるのか、まだ確定していません。仮に、巨大ブラックホール連星だったとしましょう。そうすれば、ＰＴＡの観測から、巨大ブラックホール連星が宇宙にどれくらい存在するのか、個数密度などが推定できるようになります。これは、宇宙物理学にとって貴重な知見をもたらします。

ただし、この個数密度と書いたのは大雑把な話です。巨大ブラックホール連星があれば、そこからの重力波がすべてＰＴＡで検出できるわけではないからです。ＰＴＡ観測の対象となる、１〜10年程度の周期の重力波に限定されるからです。

しかし、現在、宇宙物理学において銀河形成やブラックホール形成などの数値シミュレーションが盛んになっています。ＰＴＡで検出される１〜10年程度の周期の重力波を放出する巨大ブラックホール連星の情報と理論的な数値シミュレーションを組み合わせることで、巨大ブラックホール連星の宇宙における分布を推定できるようになるかもしれません。

さらに、ＰＴＡで検出可能な巨大ブラックホール連星は近接した軌道運動をしています。それ

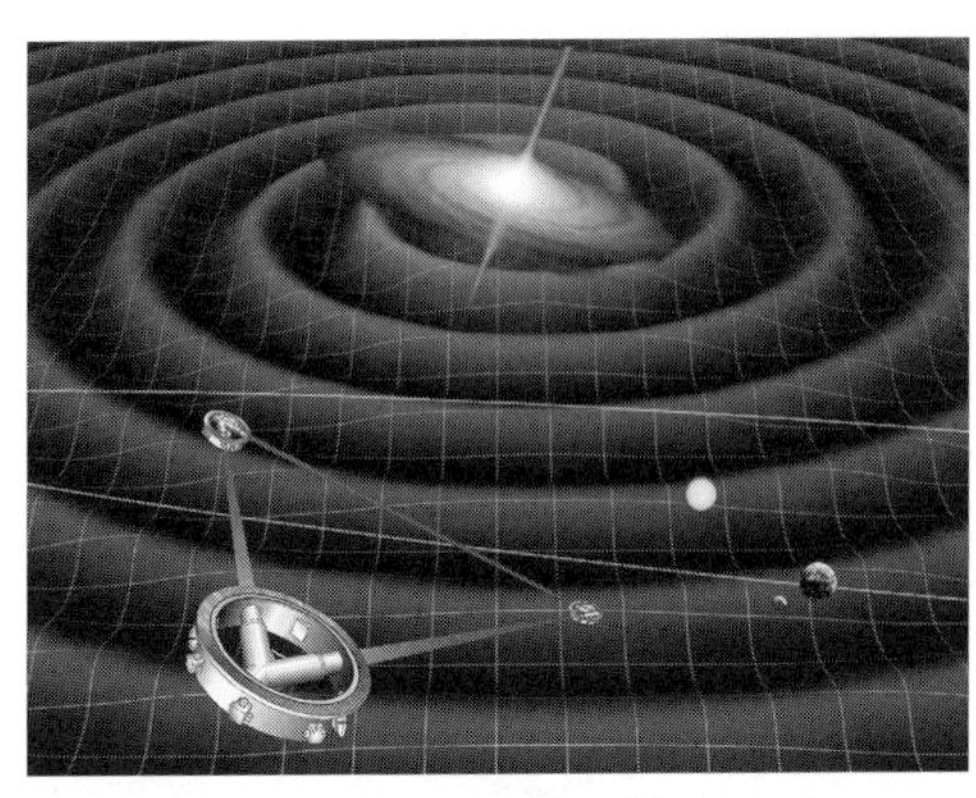

図８－２　LISAのイメージ（NASA）

らが合体するとき、あるいは、合体直前の公転運動から放出される重力波は、ＰＴＡでは観測できません。その重力波の波長が短すぎるためです。ちょうど、これらの波長帯の重力波を検出する装置として、宇宙に重力波望遠鏡を打ち上げる計画が検討されています。これは、宇宙空間に打ち上げた３つの衛星をレーザーで同期させて、重力波通過による同期からのズレを検出するというものです。地球上では、光路長を伸ばすためにハーフミラーを用いてレーザーを何往復もさせる必要がありますが、衛星どうしを離して配置することでその必要がなくなります。

ＮＡＳＡとＥＳＡ（欧州宇宙機関）は、共同でＬＩＳＡという宇宙重力波望遠鏡の打ち上げを２０３０年代に計画しています。これにより、重力波の振動数が数ヘルツの領域（ヘルツ帯域とよびます）での重力波観測が拓けます。

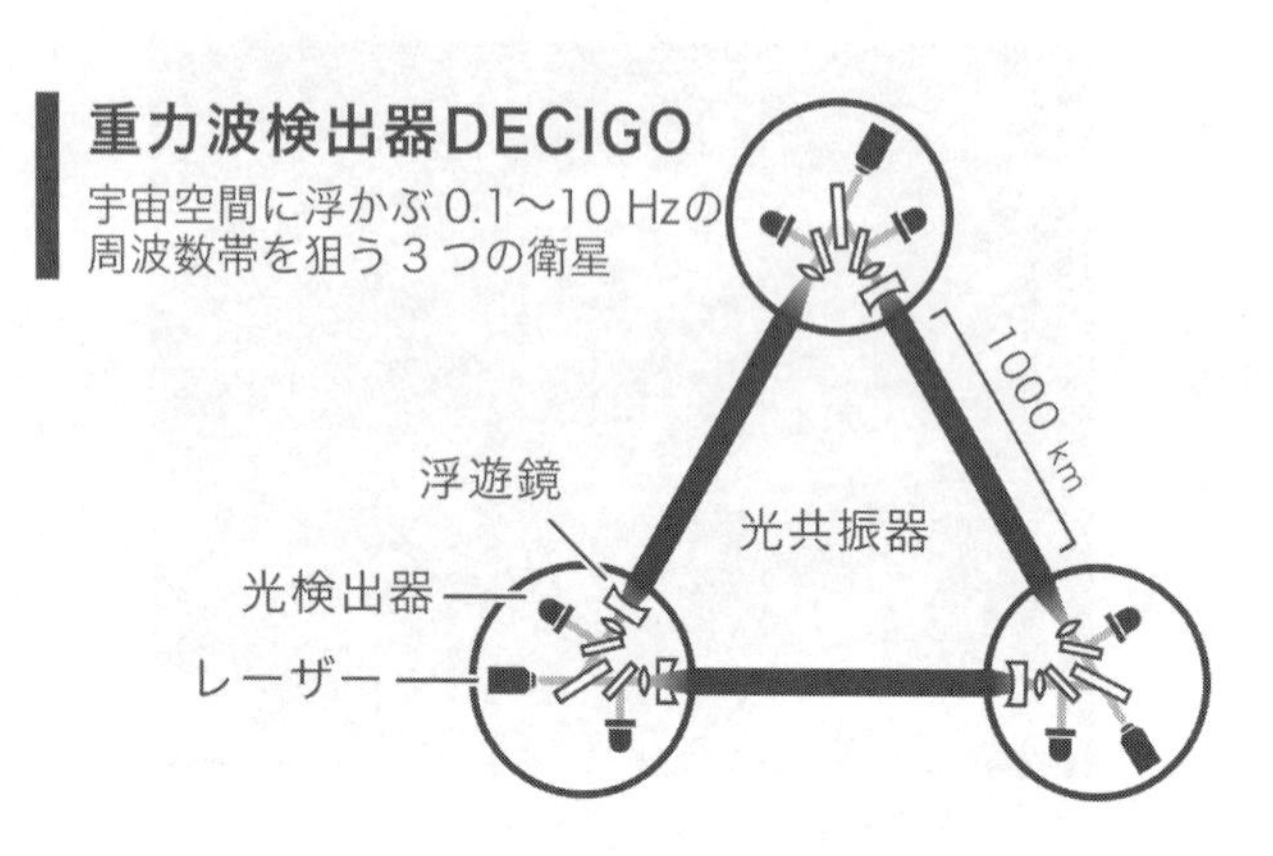

図８－３　宇宙における重力波観測の仕組み（JAXA）

また、日本の重力波コミュニティでは、ＬＩＳＡより少し短波長側を観測する宇宙重力波望遠鏡として、ＤＥＣＩＧＯ（デサイゴ）を検討しています。ちなみに、ＤＥＣＩＧＯの最初の4文字「ＤＥＣＩ」はデシ＝10分の1を意味します。これは、デシヘルツ＝０・１ヘルツに由来し、０・１ヘルツ重力波天文学の開拓を目指します。これらの宇宙重力波望遠鏡によって、巨大ブラックホール連星の合体およびその直前の状態から放出される重力波の様子が明らかになることが期待されます。

8-4　宇宙のはじまりを見る

さて、4章で紹介したインフレーション理論について、その痕跡となる原始重力波はまだ見つかっていません。では、どのようにすればＰＴＡを用いて、その重力波を見つけることができるのでしょうか。

これまで見てきたように、巨大ブラックホール連星からの重力波の波形は理論的によく理解されています。今後もＰＴＡによる重力波観測を続けていくことで、個々の巨大ブラックホール連星からの重力波の成分を抽出できるようになるのではないかと考えられています。その場合、電波パルスの到着時間のずれにおいて、その個々の巨大ブラックホール連星からの重力波の寄与分を差し引くことができるはずです。この作業を粘り強く続けることで、最終的に、巨大ブラックホール連星からの重力波とは違う成分を取り出せるようになります。その巨大ブラックホール連星からの重力波を取り除いてあらわれるシグナルこそ、インフレーション起源の背景重力波である可能性があります。ただし、このレベルに到達するには、まだ観測精度を高める必要があり、次世代以降のＰＴＡ観測が必要だろうと思われます。

すでにＰＴＡ観測におけるヘリングス－ダウンズ曲線の重要性を説明しました。ただし、ヘリングス－ダウンズ曲線にも弱点が存在します。

6章を思い出してください。ＰＴＡの観測では、微弱な重力波シグナルを検出するため、全天のパルサーを使用し、たくさんのパルサーの相関をとっています。全天のパルサーを用いているため、ヘリングス－ダウンズ曲線は宇宙の全ての方向に対して対等です。つまり、重力波の飛来方向に対する指向性がまったくありません。

したがって、完全に等方な宇宙背景重力波に対するヘリングス－ダウンズ曲線と、ある1個の重力波源（たとえば、巨大ブラックホール連星）からの重力波に対するヘリングス－ダウンズ曲線は完全に一致します。よって、ヘリングス－ダウンズ曲線の形状から、両者を識別することは不可能なのです。ヘリングス－ダウンズ曲線は、あくまで重力波の「検出」に特化した最強ツールに過ぎません。万能ツールではありません。

では、多数のパルサーの相関をとることで重力波シグナルを抽出する利点を保ちながら、重力波に対する指向性を持たせるにはどうすればいいのでしょうか。

この指向性を持たせる方法を筆者らのグループが最近発見しました。これはパルサーどうしの相関をとる領域を、全天から半球に変更するというシンプルなアイデアです。地球でいえば、北半球だけ考えるようなものです。観測するパルサーの領域を半球に変更することで等方性が破れるため、重力波源に対する指向性が復活するのです。

この新しい方法を用いれば、とりわけ強いナノヘルツ重力波を放出している巨大ブラックホール連星のおおよその存在領域が推定可能になります。現時点では、重力波源がどの銀河に存在するのかまでがわかるほどの高精度は期待できません。さらなる研究を進める必要があります。

◆宇宙最大の重力波望遠鏡

本書では、銀河系サイズの重力波検出器を主に紹介しました。しかし、もっと大きなサイズの検出器も考えられています。それが、宇宙マイクロ波背景放射の観測です。ここまで読んできた読者の方は、マイクロ波背景放射はビッグバンの痕跡で、インフレーションとは無関係ではないかと思ったかもしれません。

たしかに、宇宙背景放射はビッグバンの名残です。バラバラだった電子と陽子が歴史的に初めて結合して中性水素原子が誕生した時に発生した光が、宇宙膨張によって引き伸ばされたものです。

１９８９年にＮＡＳＡが打ち上げたＣＯＢＥ衛星によって、宇宙マイクロ波背景放射の観測が行われ、その結果、強度が等方的ではなく、ほんのわずかながら宇宙マイクロ波背景放射の温度が方向によって異なっているという、非等方性が初めて検出されました。これは、昔の宇宙が完全に一様でなかった証拠です。

では、インフレーションはこの宇宙マイクロ波背景放射にどのような痕跡を残したのでしょうか。

◆インフレーションと背景放射

インフレーション期に生成された背景重力波によって、宇宙空間には微小な伸び縮みが生じます。このとき、宇宙空間のある電子から見れば四方八方から背景重力波はやってきます。すると、空間が収縮する方向からの宇宙マイクロ波背景放射の強度は高くなります。空間が収縮することで、見かけ上、宇宙マイクロ波背景放射の源が近づくと解釈することで、強度が増すことを理解してもらえると思います。

一方、空間が伸びる方向は、宇宙マイクロ波背景放射の源が遠ざかると解釈できて、宇宙マイクロ波背景放射の強度は弱まります。これらの強度の増減が四方八方からの背景重力波によって生じるために、その総和をとることで、宇宙マイクロ波背景放射にある特殊な偏光が極めて微弱ながら生じることが、理論計算によって示されています（図8－4）。偏光とは、電磁波が振動する方向のことです。

通常の物質による偏光への影響と重力波による偏光への影響は原理的に異なります。しかし、その差異は極めて小さいものです。その理由は、インフレーション期からの背景重力波の振幅がとても小さいからです。

この宇宙マイクロ波背景放射における微弱な変動を探す観測が、近年推し進められています。ようするに、宇宙マイクロ波背景放射を精密に観測することで、その微弱な変動を見つけ、そこからインフレーションの痕跡となる原始重力波の存在を確かめようというものです。

その観測計画の一つが、４章で紹介した日本のＬｉｔｅＢＩＲＤ衛星です。これは、宇宙空間

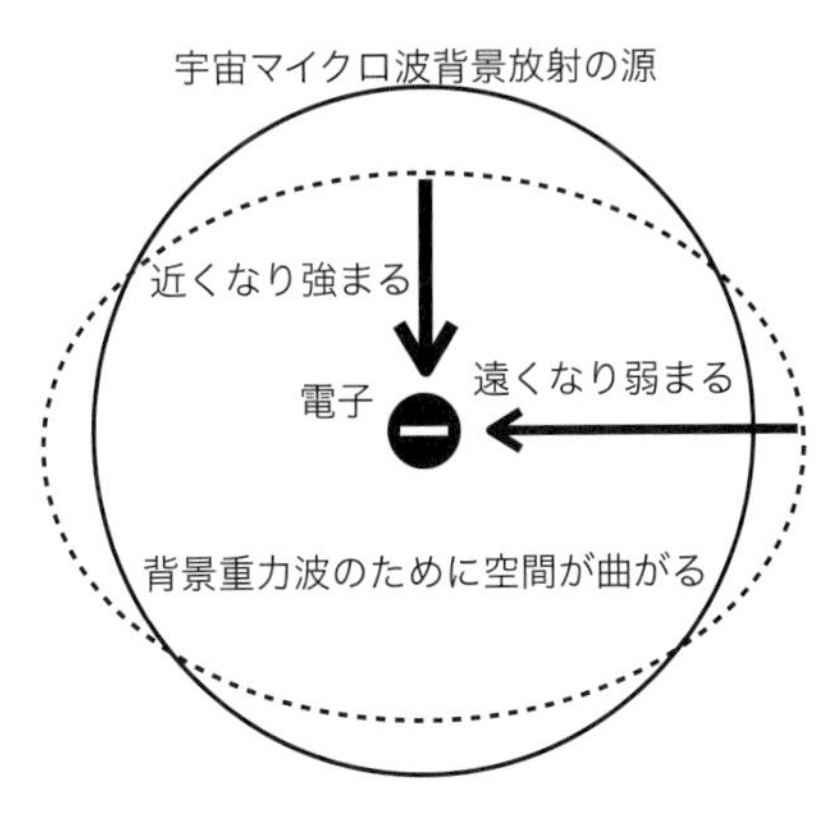

図8－4　背景重力波と宇宙マイクロ波背景放射

から宇宙マイクロ波背景放射を観測するものですが、宇宙空間はまったくの空っぽではありません。とくに、天の川銀河には大量の中性水素ガスが存在します。それによって、宇宙マイクロ波背景放射の観測は影響を受けます。この中性水素ガスという前景の影響を適切に取り除くためには、天の川銀河における中性水素ガスの分布を正確に知っておく必要があります。この点に関しても、地上の大型電波観測計画ＳＫＡが活躍するものと期待されています。

◆新しい景色がまもなく見える

本書では、ナノヘルツ重力波の存在を報告したパルサー・タイミング・アレイを端緒に、存在そのものが謎である巨大ブラックホールについて、そして宇宙のはじまりにあったといわれるインフレーションの痕跡となる原始背景重力波を見つけるためにはどうしたらいいのかを紹介してきました。

ビッグバン以前の宇宙の状況を直接観察するなんて、20世紀には遠い夢物語でした。しかし、科学者はいくつもの方法を編み出し、観測のための装置が創意工夫され、ついにここまでの観測を実現してきました。

これまで見てきたように連星の超大質量ブラックホールからの重力波が検出されれば、目に見えない超大質量ブラックホール連星がたくさん存在することが判明します。そして、その次の段階で、インフレーション起源の背景重力波が検出されるはずです。また、これまでの歴史では、新しい観測や実験の結果、誰も予想しなかった現象の発見が繰り返されてきました。ひょっとして、誰も予想しなかった謎の重力波の波形が検出されるかもしれません。

宇宙探査や観測は、まさに日進月歩で新たな展開を見せています。そんな遠くない将来に、我々人類が宇宙のまったく新しい景色を見る瞬間が近づいているのです。

あとがき

2023年7月初旬、編集担当の柴崎淑郎さんから、拙著『三体問題』（講談社ブルーバックス）が重刷されるとのうれしい連絡をいただきました。私からの返信メールのなかで、本書の冒頭で述べた「チーム・ナノグラブの記者会見」にふれたところ、早速、柴崎さんが本書の執筆案をブルーバックスの企画会議にはかってくださいました。同日、その経緯を家族に話したところ、すぐさま小学生の娘はタブレットを開き、Ａｐｐｌｅ Ｓｔｏｒｅの画面で「イラスト編集のアプリ」を検索。どうやら、前作での原稿料のことを思い出して、欲しいものの検索に夢中です。前作での経緯は、その「あとがき」をご覧ください。当時、Ｎｉｎｔｅｎｄｏ Ｓｗｉｔｃｈを無事入手した娘は、コロナ禍における在宅生活を乗り切れました。今回も、家族が私の執筆を強く後押ししてくれました。

さて、柴崎さんから再度連絡があり、今回の執筆が企画会議で無事決まったとのこと。まず、前作でもイラストを描いてくれた娘のイラスト編集アプリは先行投資と考え、「イラスト、期待してまーす！」と私は心の中で叫びながらすぐにダウンロードすると、娘は大喜び。妻は、「いま、すてきなイスに興味があるの」と微笑みました。この微笑みの方程式をはたして、私はうまく解けるのでしょうか。

ところで、執筆の話が決定したところ、娘は、「ちょうど怪我しているから、パパ、執筆頑張ってね」と励ましてくれました。実はその前月、不注意から私は足の指を骨折してしまいました。指の固定中、仕事以外での外出はほぼなく、自宅でパソコンに向かう生活でした。しかし、執筆を開始する頃には普通に歩ける状態に戻りました。私が外出しようとすると、夏休み中の娘がすかさず「執筆、順調？」と尋ねてきます。おかげで、すこぶる順調に原稿を書き上げることができました。

さて、パルサーの第一発見者であるベルさんは、いまもご健在です（執筆時点）。冒頭で紹介したチーム・ナノグラブの国際記者会見に特別ゲストとしてオンライン参加されていました。2018年、ベルさんはブレイクスルー賞を受賞されています。この賞に選ばれた宇宙研究から、数年後にノーベル物理学賞に選ばれた例として、重力波初検出があります。パルサー・タイミング・アレイの礎（いしずえ）であるパルサーの第一発見者がようやくノーベル賞を受賞するかもしれません。

また、パルサー・タイミング・アレイ研究の息の長さに驚かれた方もいるかもしれません。序章でも紹介しましたが、記者会見で彼らが報告した主な成果は、15年間以上の観測データに基づくものです。ナノヘルツ重力波の波長の長大さのため、たとえば、数ヵ月だけ頑張って実験しても成果は出せません。このような時間のかかる基礎研究に、米国国立科学財団やマックス・プランク協会（ドイツ）などは、長年、財政支援を続けてきたのです。欧米諸国の基礎科学に対する揺るぎない熱意が伝わってきます。

一方、成果が出るまでに20年かかる研究を支援する話は、現在の日本国内では残念ながらほとんど聞かれません。すぐに成果の出せる短期間の研究が注目される傾向にあります。本来、日本人は伝統技術を守り続けながら、それを改良・発展させるのが得意だったはずです。基礎研究における「長期熟成」が必要な分野に対しても、今後、日本の存在感を示せるような研究支援体制が整えられることを願っています。

浅学な筆者にもかかわらず、超長波長重力波に関係する多層かつ多様な話題のエッセンスのみを簡潔に紹介する試みに挑戦しました。空間スケールが、素粒子レベルの超ミクロなサイズから10キロメートルサイズの中性子星を経て、観測可能な宇宙全体まで、そして、時間スケールにおいても、宇宙誕生直後から約１４０億年後の現在の宇宙までと、空間・時間ともにレンジが桁違いに広い話題をこの一冊に盛り込みました。試みが成功したかどうかに関して、読者の方々からのご批判・ご意見を期待します。

最後になりましたが、本書の執筆にあたり、お世話になった多くの方々に感謝申し上げます。

まず、ブルーバックス編集部の柴崎さんには、本書の企画提案の段階から上梓に至るまで、数々のご助言を賜り、大変お世話になりました。

また、研究室の同僚・大学院生をはじめ、多くの研究者との議論が大変有益でした。なかでも、７章のアストロメトリに関してお話を伺った、国立天文台の郷田直輝教授からの助言に感謝いたします。また、ＰＴＡ観測の現状についてアドバイスを頂いた、熊本大学の高橋慶太郎教授にも感謝申し上げます。

執筆中、いろいろと協力してくれた妻と娘に心から感謝します。お礼に関しては、刊行後に家族とじっくり交渉したいと思います。

２０２４年５月

浅田秀樹

パルサーの振動　185, 186
パルサーのまたたき　177
伴星　161, 162, 169
万有引力（の法則）　22, 23
ビアンキ恒等式　32, 97
光的エネルギー条件　156
光の干渉　55
ビッグバン理論　106, 114, 125
ヒッパルコス（衛星）　207, 208
秒角　207
標準偏差　197
ファイナルパーセク問題　171
ファブリ・ペロー型の干渉計　58
プラスモード　52
ブラックホール　34, 35, 72, 73, 138, 143, 150
ブラックホールシャドウ　166
ブラックホールの合体現象　60
ブラックホール連星　46
フリードマン方程式　99, 111
フリードマンモデル　99
閉集合　157
平坦性問題　116, 127, 128
ヘリングス-ダウンズ曲線　187, 190, 225, 234
（ジョスリン・）ベル　69
ヘルツ　5
ヘルツ帯域　231
偏光　236
偏波　52
（ロジャー・）ペンローズ　153
捕捉面　156, 158
ボトム　109
ボトムアップ型の方法　168
ホライズン　150, 153

【ま行】

マイクロ波　104
マイケルソンとモーレー　24, 25
マクスウェル方程式　121
マグネター　74
見かけの力　23
ミリ秒パルサー　76, 191
ミンコフスキー時空　29

【や行】

ユークリッド幾何学　35
ユークリッド空間　29
揺らぎ　132
横波　50, 52
余剰重力波　93, 94
ヨーロッパPTA　192, 193
弱い力　120, 122
四重極公式　43

【ら行】

ラグランジュ点　211, 212
リトル・グリーン・マン　70
リーマン幾何学　29, 33
量子重力理論　134
量子揺らぎ　130
量子論　130
連星　213
連星パルサー　40, 41, 78, 79, 83
連続重力波　187

相　111
相関　188
相関をとる　187
相対性理論　24
素粒子物理学　107
素粒子理論　129
素粒子理論における標準模型　109

【た行】

大統一理論　118, 120, 123
太陽起源説　66
太陽日　67
太陽質量　72
ダークマター　210
脱出速度　140
縦波　49, 51
縦波成分　93
地平線　114
地平線問題　114, 125
地平面　150
チャーム　109
中国PTA　193, 194
中性子星　70, 72, 73, 76, 88
中性水素（ガス）　180, 237
超新星爆発　71
超大質量のコンパクトな天体　164
超長波長の重力波　224
強い力　120, 123
テスラ　74
電荷　108
電磁気力　120
電磁波　75
電弱力　121, 122
電波　65
電波信号の遅延　86
電波天文学　64, 65, 68
電波パルス　75, 174, 178
電波望遠鏡　69
天文単位　163, 208
等価原理　33
特異点　151
特異点定理　156, 158
特殊相対性理論　24, 27
トップ　109
トップダウン型の方法　168, 171
ドップラー効果　79
ドップラー公式　176
トランスバース　54
トランスバース・トレースレス　53, 55
ドロステの表示形　146
トレースレス　54, 93

【な行】

ナノグラブ　3, 4, 192, 193, 224
ナノヘルツ　5, 7, 9
ナノヘルツ重力波　12, 172, 195, 204, 224
波の干渉　57
ナンシー・グレース・ローマン宇宙望遠鏡　219-221
ニュートリノ　72
熱力学温度　103
年周視差　209

【は行】

背景　104, 179
白色矮星　73
パークスPTA　192, 193
はくちょう座X-1　160, 161
バースト型の重力波　187
パーセク　209
発熱　112
ハッブル定数　98
ハッブル-ルメートルの法則　99, 100
パリティ　109
パルサー　4, 10, 75, 88
パルサー・タイミング・アレイ　4, 10, 12
パルサー・タイミング・アレイ・プログラム　191
パルサータイミング観測　228, 229
パルサータイミング法　84, 135, 172, 174, 177, 191, 204

擬リーマン幾何学 29, 92
銀河系アストロメトリ 12
銀河系中心 163
近日点（移動） 81
空間曲率 116, 117, 128
空間の曲がり 33
クェーサー 164, 217
クォーク 108, 109
クォーク3世代の理論 108
グラビティーノ 118, 119, 128, 129
グラビトン 118
クロスモード 52
クーロン力 31
ゲージ自由度 122
ケプラーの第3法則 22, 80
ケプラーの法則 21, 80
（原始）背景重力波 11, 131, 133, 134, 224, 227, 236
恒星大気 161
恒星日 67
光速度不変の原理 26, 27, 85
降着円盤 162, 165, 166
公転周期 213
公転半径 212
合力 23
凍りついた星 139
国際PTA 198
黒体放射 102, 103
小林・益川理論 109, 129
コロナグラフ 220

【さ行】

さそり座X-1 160
三角測量の原理 206
残存物問題 118, 128
ジェイムズ・ウェッブ宇宙望遠鏡 219
時間が凍りつく 150
時間の曲がり 33
磁気双極子 118
磁気ダイポール 118
磁気単極子 118
磁気モノポール 118, 119, 128, 129
時空 29
時空の曲がり 36
シグマ 197
地震波 49
指数関数的膨張モデル 110, 124
磁場 74
磁場の向き 75
ジャスミン衛生 218
シャピロの時間遅れ 83, 84, 85
（カール・）ジャンスキー 66
重力 20, 23, 120
重力による時間の遅れ 34
重力波 38, 41, 42, 43, 52, 61
重力場 32
重力場の時間変動 196
重力波望遠鏡 57
重力微子 118
重力レンズ 37, 38
（カール・）シュバルツシルト 142
シュバルツシルト解 143, 146
シュバルツシルト半径 143, 146
準恒星状天体 164
常微分方程式 145
初期の宇宙 130
初期揺らぎの起源問題 119, 129
磁力線 74
真空 124
真空のエネルギー 124
数密度 74
スカラー場 93
スクエア・キロメートル・アレイ 182
スペクトル 105
スペクトル曲線 225
正規分布 197
星振 185
赤外線 65
絶対温度 103
前景 179
潜熱 111

さくいん

【英数字・記号】

3C273 164

CP対称性 108
CP対称性の破れ 109
DECIGO 232
EHT 138, 165, 167
frozen star 139
JASMINE 218
J0437-4715 87
KAGRA 59, 61
K中間子 108
LIGO 3, 59, 61
LISA 231
LiteBIRD 113
LVKコラボレーション 61
M87（銀河） 165, 167, 172
M87巨大ブラックホール 167
NANOGrav 3
PTA 191, 199, 200, 230
P波 49
SKA 182-184, 199, 200
S波 49
TAMA300 59
Virgo 4, 59, 61
X線 159
X線天文学 160

$\alpha\beta\gamma$論文 101
σ 197

【あ行】

（アルベルト・）アインシュタイン 23, 24
アインシュタイン方程式 32, 50, 96, 97, 100, 145
アストロメトリ 205
アレイ 4
位置天文学 12, 204
一様・等方の仮定 116
一般相対性理論 27, 28, 36, 81, 83,
いて座Aスター 138, 162
イベント・ホライズン・テレスコープ 138, 165
インドPTA 193, 194
インフレーション宇宙モデル（理論） 110, 111, 126, 131
宇宙検閲官仮説 158
宇宙重力波望遠鏡 232
宇宙定数 98
宇宙の灯台 177
宇宙マイクロ波背景放射 104, 105, 107, 235
エーテル（仮説） 24, 25
（アーサー・）エディントン 37
遠心力 23
大型レーザー干渉計 57, 58
親星 73

【か行】

ガイア衛星 12, 210-213, 216, 217
開集合 157
ガウス分布 197
角運動量 89, 170
角運動量の保存則 89
可視光 65
ガス 162
カミオカンデ 72
（ジョージ・）ガモフ 101
（ガリレオ・）ガリレイ 31
慣性モーメント 90
幾何構造 29
球対称性の仮定 153
吸熱 112
巨大ブラックホール 163, 164, 168, 171

N.D.C.440　246p　18cm

ブルーバックス　B-2263

宇宙はいかに始まったのか

ナノヘルツ重力波と宇宙誕生の物理学

2024年6月20日　第1刷発行
2024年7月18日　第2刷発行

著者　浅田秀樹
発行者　森田浩章
発行所　株式会社講談社
〒112-8001　東京都文京区音羽2-12-21
電話　出版　03-5395-3524
販売　03-5395-4415
業務　03-5395-3615
印刷所　(本文印刷) 株式会社新藤慶昌堂
(カバー表紙印刷) 信毎書籍印刷株式会社
製本所　株式会社国宝社

定価はカバーに表示してあります。

ISBN978－4－06－535904－4

発刊のことば

科学をあなたのポケットに

二十世紀最大の特色は、それが科学時代であるということです。科学は日に日に進歩を続け、止まるところを知りません。ひと昔前の夢物語もどんどん現実化しており、今やわれわれの生活のすべてが、科学によってゆり動かされているといっても過言ではないでしょう。

そのような背景を考えれば、学者や学生はもちろん、産業人も、セールスマンも、ジャーナリストも、家庭の主婦も、みんなが科学を知らなければ、時代の流れに逆らうことになるでしょう。

ブルーバックス発刊の意義と必然性はそこにあります。このシリーズは、読む人に科学的に物を考える習慣と、科学的に物を見る目を養っていただくことを最大の目標にしています。そのためには、単に原理や法則の解説に終始するのではなくて、政治や経済など、社会科学や人文科学にも関連させて、広い視野から問題を追究していきます。科学はむずかしいという先入観を改める表現と構成、それも類書にないブルーバックスの特色であると信じます。

一九六三年九月　　野間省一